MÉMOIRE

SUR

LES EUCALYPTUS

INTRODUITS DANS LA RÉGION MÉDITERRANÉENNE

PAR

CH. NAUDIN

Membre de l'Institut, Directeur de la Villa Thuret, à Antibes (Var)

PARIS

SOCIÉTÉ ANONYME DES IMPRIMERIES RÉUNIES

HÔTEL MIGNON, RUE MIGNON, 2

1883

MÉMOIRE

SUR

LES EUCALYPTUS

Imprimeries réunies, A, rue Mignon, 2, Paris

MÉMOIRE

SUR

LES EUCALYPTUS

INTRODUITS DANS LA RÉGION MÉDITERRANÉENNE

PAR

CH. NAUDIN

Membre de l'Institut, Directeur de la Villa Thuret, à Antibes (Var)

PARIS

SOCIÉTÉ ANONYME DES IMPRIMERIES RÉUNIES

HÔTEL MIGNON, RUE MIGNON, 2

1883

MÉMOIRE SUR LES EUCALYPTUS

INTRODUITS DANS LA RÉGION MÉDITERRANÉENNE.

Par M. Ch. NAUDIN.

AVANT-PROPOS.

L'introduction des Eucalyptus d'Australie dans le midi de l'Europe et le nord de l'Afrique comptera comme une des plus intéressantes acquisitions que l'horticulture et la sylviculture aient faites dans le courant de ce siècle. L'étonnante rapidité avec laquelle croissent quelques-uns de ces arbres, la grande taille qu'ils acquièrent, la solidité et la durée de leur bois, la propriété dont ils jouissent d'assainir les localités marécageuses en aspirant l'eau stagnante dans le sol, le tannin que contiennent leurs écorces, les huiles essentielles dont leurs feuilles sont imprégnées et qui peuvent fournir matière à diverses industries, leur beauté même comme arbres ou arbrisseaux décoratifs, sont autant de qualités qui expliquent la faveur presque universelle dont ils sont l'objet et les immenses plantations qui en ont déjà été faites en Europe et ailleurs, presque toujours avec succès quand le climat et le terrain ne leur ont pas été trop défavorables.

Malheureusement pour la France, la zone climatérique où ces arbres précieux peuvent prospérer à l'air libre est fort limitée. Exception faite d'un très petit nombre d'espèces qu'on suppose, jusqu'ici sans preuves suffisantes, pouvoir se naturaliser sur nos côtes océaniques, c'est, pour la grande majorité, la région où l'oranger est cultivé et fructifie en rase campagne, c'est-à-dire le littoral de la Provence, de Toulon à la frontière d'Italie, la Corse et une faible partie du Roussillon. L'Algérie, l'Italie, la Sicile, l'Espagne et les autres pays méditerranéens situés au sud du quarantième degré de latitude, offrent un plus vaste champ à la culture des Eucalyptus, et il est vraisemblable que dans les localités les plus chaudes de ces régions, en Algérie surtout, on pourra propager avec succès même les espèces des parties les plus tropicales de l'Australie.

C'est un genre riche en espèces. Si l'on admettait comme vraiment distinctes toutes celles dont on voit figurer les noms dans les ouvrages de botanique descriptive, le nombre en dépasserait trois cents. Il est réellement beaucoup moindre, et l'exagération ici s'explique aisément par l'extrême variabilité des formes spécifiques ; par les changements d'aspect, je dirais presque les métamorphoses que les individus eux-mêmes subissent en passant de l'état juvénile à l'état adulte ; par la défectuosité des matériaux d'herbier, et aussi par la tendance ordinairement inconsciente de beaucoup de descripteurs à considérer comme espèces légitimes des formes qui, pour d'autres, sont de simples variétés. De toutes ces causes réunies est résultée une étrange confusion dans la nomenclature, confusion qui rend très difficile aujourd'hui la reconnaissance des espèces décrites. D'après le baron Ferdinand Müller, qui a fait une étude approfondie de la flore australienne, et en particulier des Eucalyptus, le nombre des espèces actuellement connues dans ce genre pourrait se réduire à 140 ou 150, en prenant le mot *espèce* dans le sens le plus large ; mais ce nombre s'accroîtra indubitablement, à mesure que le vaste continent australien sera mieux exploré par les botanistes et les voyageurs.

Même avec ce nombre réduit, l'étude des espèces d'Eucalyptus offre encore de grandes difficultés. Les herbiers seuls, du moins tels qu'ils existent aujourd'hui dans les collections publiques ou privées, sont d'un faible secours. Ils sont utiles cependant si on peut y ajouter l'observation des arbres vivants, mais c'est un cas exceptionnel qui ne se présente que là où les Eucalyptus peuvent être cultivés en grand nombre à l'air libre.

La Provence, où, depuis une trentaine d'années, l'horticulture d'agrément a réalisé tant de merveilles, nous offre, disséminés dans les innombrables jardins de son littoral, au moins une trentaine d'espèces d'Eucalyptus arrivés à l'état adulte, fleurissant et mûrissant des graines. D'ici à peu d'années ce nombre aura peut-être triplé, car c'est à l'envi qu'horticulteurs et botanistes amateurs multiplient les semis de ces arbres. Tant en individus adultes qu'en jeunes sujets, la villa Thuret, devenue un centre d'études botaniques et d'essais de naturalisation, en possède approximativement 80 espèces. D'autres jardins sont pareillement riches en Eucalyptus. Parmi eux il convient de citer, comme contenant déjà de bons matériaux d'étude, le jardin de la Marine à Toulon, celui de la Société d'acclimatation à Hyères, ceux de M. le comte d'Éprémesnil et de M. Mazel au golfe Juan, de M. Thomas Hanbury à la Mortola, près Menton, et plus particulièrement encore les vastes et très riches collections de MM. Cordier et Trottier près d'Alger. D'intéressantes plantations d'Eucalyptus existent aussi en Corse et en Italie, principalement en Toscane et au voisinage de Rome.

Depuis la publication du *Sertum anglicum*, où le premier des Eucalyptus (*E. obliqua*) a été décrit par L'Héritier, en 1788, beaucoup de botanistes se sont occupés de ces arbres. Il serait peu utile de donner ici la liste de travaux très incomplets et le plus souvent très inexacts, d'ailleurs à peu près tombés dans l'oubli, mais je dois rappeler que le premier essai d'une monographie générale du genre est dû à Pyramus de Candolle, qui en a décrit 52 espèces dans le tome III du *Prodomus*, daté de 1828. Ce travail a été tout ce qu'il pouvait être à une époque où la flore australienne n'avait encore été explorée que d'une manière très superficielle et où les herbiers ne contenaient que des échantillons tout à fait insuffisants. Néanmoins il est encore bon à consulter aujourd'hui, et on y retrouve ce tact remarquable qui faisait saisir à l'auteur, pour ainsi dire d'emblée, les caractères vraiment distinctifs des espèces.

Après de Candolle plusieurs botanistes, principalement en

Angleterre et en Allemagne, ont publié des notes détachées ou des descriptions d'espèces dans divers recueils, sans faire des travaux d'ensemble. Pour trouver une véritable monographie des Eucalyptus, il faut arriver à l'année 1866, date du troisième volume du *Flora australiensis*, immense travail de M. Georges Bentham, assisté de M. Ferd. Müller, qui déjà avait décrit un nombre considérable d'Eucalyptus dans ses diverses publications sur la flore australienne. Cette monographie, très élaborée, contient les descriptions de 135 espèces, dont quelques-unes peut-être font double emploi ; cependant elle n'est pas complète, car, depuis l'année 1866, M. Ferd. Müller a ajouté de nouvelles espèces à celles qui étaient alors connues. Il y en a sans doute encore à découvrir, mais nous avons lieu de croire que nous posséderons bientôt un travail plus achevé que tous ceux qui ont paru jusqu'ici, et qui ne laissera guère à faire aux botanistes futurs : c'est l'*Eucalyptographia* (1), atlas descriptif des Eucalyptus par M. Ferd. Müller, le botaniste le plus autorisé aujourd'hui pour parler des plantes australiennes. L'ouvrage est publié par livraisons contenant chacune dix planches lithographiées avec le texte correspondant. Les descriptions y sont très détaillées, et l'auteur y ajoute toutes les particularités qui rendent les espèces intéressantes tant au point de vue de la science qu'à celui de l'industrie. On ne peut que souhaiter le prompt achèvement de cette œuvre magistrale.

Cependant, après cette savante monographie des Eucalyptus, il y a encore place pour des travaux plus modestes et d'une utilité plus locale, si je puis m'exprimer ainsi. L'ouvrage de M. le baron Müller est tiré à un petit nombre d'exemplaires et, par son prix élevé, il n'est guère accessible qu'aux bibliothèques publiques ou à quelques riches particuliers. De plus, il est écrit en anglais, langue encore peu familière aux horticulteurs méridionaux et même à beaucoup d'amateurs inté-

(1) *Eucalyptographia. A descriptive atlas of the Eucalypts of Australia and the adjoining islands*, by baron F. Von Müller, government botanist for the colony of Victoria.

ressés aux plantations d'Eucalyptus. Faut-il ajouter que
même dans ce travail si approfondi, il existe quelques lacunes
en ce qui concerne les formes juvéniles de beaucoup d'espèces, lacunes qu'au point de vue de la culture il importerait
de faire disparaître? Ces formes juvéniles et transitoires sont
souvent très caractéristiques, mais en même temps, si l'on
n'en tient pas compte, elles deviennent une cause fréquente
d'embarras pour les cultivateurs et même une des principales
sources d'erreurs dans la nomenclature. Pour ces divers mo-
tifs, et aussi pour fournir quelques matériaux à l'histoire de
la naturalisation des Eucalyptus dans nos contrées, j'ai entre-
pris ce travail, qui, malgré son peu d'étendue, m'a demandé
plusieurs années d'observations très attentives. J'y ai procédé
comme je l'ai fait autrefois pour l'étude des Cucurbitacées, par
la culture et l'examen sur le vivant, depuis la germination
jusqu'à la floraison et la maturité des fruits. Il va de soi que,
dans ce long travail préliminaire, je ne m'en suis pas tenu aux
seuls arbres que j'ai semés et vus naître, et que j'ai mis à con-
tribution ceux que j'ai trouvés tout venus dans les collections
des horticulteurs et des amateurs.

Une autre question qui a aussi son intérêt, et sur laquelle il
serait utile de s'éclairer, est de savoir si les Eucalyptus trans-
portés d'Australie dans nos climats y subissent des modifications appréciables. C'est, en général, ce qui arrive pour les
plantes dépaysées, à des degrés très divers il est vrai, mais
quelquefois d'une manière si prononcée, qu'on a de la peine,
au premier abord, à y reconnaître le type primitif de leur
espèce. Les Eucalyptus, déjà si variables dans leur contrée natale, ne peuvent guère échapper aux influences modificatrices
de nouvelles conditions d'existence. Il semble même que le fait
se soit déjà produit dans l'Afrique australe, dont le climat cependant a bien des ressemblances avec celui de l'Australie.
Dans une de ses lettres, M. Mac Owan, directeur du Jardin
botanique de la ville du Cap, me disait que les voyageurs qui
reviennent d'Australie, et relâchent dans cette partie de
l'Afrique, s'accordent à trouver que les Eucalyptus y sont plus

feuillus et donnent plus d'ombre que dans le pays d'où ils ont été importés. Or, si un examen superficiel suffit déjà pour faire saisir des différences dues à un dépaysement qui ne date encore que d'un petit nombre d'années, il est permis de croire qu'à la longue ces différences augmenteront, et qu'au bout de quelques générations, nées de graines récoltées sur les lieux mêmes, elles deviendront plus profondes et seront finalement assez accusées pour constituer ce qu'on appelle des races et des variétés permanentes.

Je n'ai pas la prétention de faire une monographie complète des Eucalyptus, même en puisant largement dans les ouvrages d'autrui. Ce travail serait au-dessus de mes forces, et les matériaux me manqueraient pour m'en acquitter. J'ai voulu seulement éclaircir pour des lecteurs français quelques points de leur histoire, et faciliter aux botanistes et aux cultivateurs de ces arbres la distinction des espèces déjà introduites et de celles qui pourront l'être dans un prochain avenir. Même avec cette ambition restreinte et en m'aidant des travaux de mes devanciers, je n'ose pas me promettre d'atteindre complètement le but que je me suis proposé. Là où tant d'habiles observateurs sont en désaccord sur la limite et les vrais caractères des espèces, on doit s'attendre à commettre bien des erreurs et à laisser derrière soi bien des lacunes; mais ces imperfections, inévitables aujourd'hui, se corrigeront avec le temps. Ce sera la tâche de ceux qui, après moi, entreprendront, sur des matériaux plus complets, une nouvelle histoire des Eucalyptus introduits et naturalisés dans nos contrées.

PREMIÈRE PARTIE

CARACTÈRES GÉNÉRAUX DES EUCALYPTUS.

Les Eucalyptus appartiennent à la grande famille des Myrtacées, en majeure partie tropicale ou subtropicale, mais qui a en Europe, dans la région méditerranéenne, un représentant, le Myrte (*Myrtus communis* L.), charmant arbrisseau de nos collines maritimes de Provence, que les anciens cultivaient déjà comme plante d'agrément. Cette noble famille se classe, parmi les Dicotylédones polypétales, au voisinage des Mélastomacées et des Onagraires, mais ses plus grandes affinités sont avec les Pomacées.

On la divise en cinq sous-familles ou grandes tribus, les *Chamélauciées*, les *Leptospermées*, les *Myrtées*, les *Barringtoniées* et les *Lécythidées*, qui toutes fournissent d'intéressants végétaux à l'horticulture. Les Eucalyptus font partie du groupe des Leptospermées, auquel appartiennent aussi les *Angophora*, proches parents des Eucalyptus, les *Tristania*, les *Callistemon*, les *Melaleuca* et plusieurs autres genres d'arbrisseaux depuis longtemps connus dans nos jardins. La plupart des auteurs rattachent encore aux Myrtacées le Grenadier (*Punica Granatum* L.), qui forme à lui seul une sous-famille, les *Granatées*, composée d'un seul genre et d'une seule espèce, originaire d'Orient ou du nord de l'Afrique, mais naturalisée en Europe depuis les temps les plus anciens.

Les Eucalyptus, presque tous australiens (1), constituent

(1) Une seule espèce bien déterminée et bien certaine, l'*E. alba*, a été trouvée à l'île de Timor, et on suppose qu'il en existe trois ou quatre autres à la Nouvelle-Guinée et dans les archipels voisins ; mais ces dernières pourraient n'être que des variétés de l'*E. alba*, qui lui-même semble avoir émigré des parties septentrionales du continent austral ien. Tous les autres Eucalyptus appartiennent en propre à la Nouvelle-Hollande et à la Tasmanie. Aucune espèce, jusqu'ici, n'en a été découverte à la Nouvelle-Zélande et à la Nouvelle-Calédonie.

un genre très naturel, dont le trait saillant est la présence d'un opercule, sorte de coiffe qui recouvre les étamines et l'ovaire, et se détache tout d'une pièce du tube calicinal au moment de la floraison. Cet opercule, dont la forme et la grandeur fournissent souvent de bons caractères spécifiques, représente morphologiquement la corolle, dont toutes les pièces sont soudées congénitalement ensemble. Dans la plupart des cas il se continue avec le tube du calice, et d'une manière si intime, qu'on n'aperçoit la ligne de séparation des deux organes qu'au moment où il s'en détache. Outre cet opercule, qu'on pourrait appeler *intérieur* ou *corollin*, il en existe presque toujours un second qui est extérieur et que je regarde comme formé par le limbe du calice, également soudé en une seule pièce (1) ; mais cet opercule, sphacélé de bonne heure, est si réduit et si caduc, qu'on ne l'aperçoit le plus souvent que sur les boutons très jeunes dont il coiffe le sommet. Rarement il se conserve jusqu'à la chute de l'opercule intérieur ; on en voit cependant des exemples dans l'*E. maculata*, l'*E. peltata* et peut-être dans quelques autres.

L'ovaire, chez les Eucalyptus, est toujours adhérent, en totalité ou en partie, au tube du calice dans lequel il est enchâssé, mais dont il dépasse quelquefois le bord. Il est à 3, 4, 5 et quelquefois 6 loges, et se prolonge en un style dont le stigmate est tantôt ponctiforme, tantôt renflé en massue ou même élargi et pelté. Les étamines, toujours nombreuses (de 15 à 100 ou même davantage), sont presque toujours libres, très rarement distribuées en faisceaux et alors plus ou moins soudées entre elles par la base de leurs filets (*E. tetragona*). Dans les espèces où l'opercule n'est pas sensiblement plus long que le tube du calice, elles sont courbées et infléchies vers le centre de la fleur, mais elles restent droites dans celles dont l'opercule est relativement très allongé (*E. occidentalis*,

---

(1) C'était l'opinion de R. Brown. Cet opercule avait d'ailleurs été remarqué depuis longtemps, car il est cité par Andrews, dans le *Botanist's Repository*, t. VI, p. 35, et exactement figuré dans la planche 400, consacrée à l'*Eucalyptus resinifera*. Le premier volume de l'ouvrage est daté de 1797.

E. cornuta, E. Lehmanni, etc.). Leurs anthères biloculaires, tantôt très courtes, tantôt linéaires ou oblongues, s'ouvrent suivant les cas par deux pores terminaux ou par deux fentes longitudinales, mais ces différences, sur lesquelles on a essayé de baser une classification des espèces, sont souvent difficiles à préciser parce qu'elles s'effacent dans un grand nombre d'intermédiaires. Souvent aussi les étamines les plus extérieures de la fleur sont stériles par l'avortement de l'anthère, et on a de même cherché à en tirer des caractères spécifiques. Je donne à cette particularité moins d'importance encore qu'au mode de déhiscence, parce qu'elle n'est souvent qu'un accident et qu'elle me paraît trop variable et trop incertaine pour être réellement utile au nomenclateur.

Le fruit des Eucalyptus est une capsule qui fait corps avec le tube du calice, souvent épaissi et devenu plus ou moins ligneux, et qui s'ouvre, à son sommet, par autant de fentes qu'il y avait de loges à l'ovaire. Sa longueur, relativement au tube calicinal, offre généralement de bons caractères spécifiques, accusés surtout à la maturité. Suivant les cas, elle est incluse plus ou moins profondément dans ce tube ou en affleure le sommet ; quelquefois elle le dépasse et même se prolonge beaucoup au-dessus de lui en une pointe qui résulte de la persistance et de l'endurcissement de la base du style. Le fruit varie beaucoup de grosseur dans la série des espèces, et sa figure est souvent très caractéristique. Chez certains Eucalyptus il atteint à peine le volume d'une graine de chanvre, chez d'autres il dépasse celui d'une grosse noix ; il est turbiné, pyriforme, ovoïde, sphérique ou hémisphérique, urcéolé, allongé, largement ouvert ou rétréci au sommet ; tantôt lisse à la surface, tantôt couvert de rides ou d'aspérités, quelquefois relevé de côtes longitudinales plus ou moins saillantes. Un point à noter est que le fruit, dans la majorité des espèces, ne prend que peu d'accroissement après la floraison, et que son volume, à la maturité, ne dépasse pas de beaucoup celui qu'il avait au moment de la chute de l'opercule. Toutes ces particularités sont importantes, parce que le fruit étant ce

qu'il y a de moins variable dans une même espèce d'Eucalyptus, c'est lui qui, en définitive, offre les caractères les plus
certains pour la faire reconnaître.

La maturité de ce fruit est toujours un peu tardive. Elle
n'est guère complète qu'au bout d'une année, et assez souvent
même les fruits se conservent beaucoup plus longtemps sur
les arbres avant de se dessécher. Cueillis trop tôt, leurs graines
incomplètement formées ne lèvent pas ou ne donnent que des
plantes sans vigueur et qui périssent peu après la germination.
C'est encore un caractère général des Eucalyptus que, sur le
grand nombre d'ovules contenus dans les ovaires, il n'y en a
que quelques-uns qui arrivent à l'état de graines parfaites, les
autres restant réduits à leurs enveloppes. On distingue ces
fausses graines d'avec les bonnes à leur moindre volume et à
leur coloration ordinairement plus pâle. Les graines parfaites
sont de forme irrégulière, anguleuses, et, chez quelques
espèces, munies d'une aile membraneuse sur un de leurs côtés.
Leur grosseur varie ; souvent très fines, elles n'atteignent pas
fréquemment 1 millimètre de longueur. On connaît cependant quelques espèces chez lesquelles elles sont beaucoup plus
grosses. Récoltées bien mûres et tenues au sec, elles conservent longtemps leur vitalité, et on en a vu germer qui dataient
de sept à huit ans. Cette longue durée des graines et leur faible
volume, qui les rendent facilement transportables, ont beaucoup contribué à la propagation des Eucalyptus dans des
contrées fort éloignées de leur pays d'origine.

Dans toutes les espèces d'Eucalyptus les cotylédons ont une
physionomie commune qui les fait aisément reconnaître. Ils
sont toujours pétiolés et opposés. Leur forme la plus habi-
tuelle est celle d'un cœur plus large que long, dont les deux
lobes sont séparés par une échancrure plus ou moins pro-
fonde. Chez quelques espèces ils sont à peu près orbiculaires
et entiers ; chez d'autres l'échancrure médiane descend presque jusqu'à la base du limbe, qui se trouve ainsi divisé en
deux lobes étroits et divergents. Ces diverses modifications
peuvent aider à faire reconnaître quelques espèces, cependant

ce n'est pas un criterium assez constant et assez sûr pour qu'on puisse s'y fier dans tous les cas.

Les variations sont beaucoup plus grandes dans l'âge qui suit, et c'est là véritablement que commencent les difficultés du diagnostic spécifique. Les premières feuilles qui suivent les cotylédons ont rarement la figure de celles qui apparaîtront dans un âge plus avancé. Elles sont quelquefois alternes et pétiolées dès le commencement; plus souvent elles sont opposées et sessiles ou presque sessiles; mais, tandis que chez beaucoup d'espèces ce dernier caractère n'affecte que les six ou huit premières feuilles, chez d'autres espèces, aussi en grand nombre, elles restent sessiles et opposées pendant une longue période de la jeunesse de l'arbre et quelquefois pendant toute sa vie. Il arrive même, chez un petit nombre d'Eucalyptus, que ces feuilles opposées se soudent par leur base et deviennent ce qu'on appelle des feuilles connées, formant alors une seule pièce, qui est traversée dans son centre par la tige ou le rameau. Cette nouvelle disposition du feuillage est tantôt transitoire comme dans l'*E. Risdoni*, tantôt permanente comme dans les *E. gamophylla*, *E. perfoliata* et peut-être quelques autres encore.

Il y a donc, comme on le voit, des Eucalyptus véritablement *biformes*, c'est-à-dire dont l'état juvénile ressemble si peu à celui de l'âge adulte, qu'il serait impossible de rattacher ces deux états à la même espèce si on n'avait pas assisté au passage de l'un à l'autre. Très habituellement, chez ces Eucalyptus à feuilles opposées et sessiles du premier âge, la phase adulte est caractérisée par des feuilles alternes, pétiolées, plus ou moins longuement lancéolées, presque toujours dirigées dans un plan oblique ou tout à fait vertical relativement à l'horizon, ce qui tient à une demi-torsion du pétiole. A cet état beaucoup d'espèces se ressemblent, et, si on n'avait d'autre repère que le feuillage, il serait le plus souvent impossible de les distinguer les unes des autres. Un fait intéressant à noter ici, c'est que, si ces arbres adultes sont recépés sur la tige, principalement au pied ou à une faible hauteur, on voit pulluler des repousses qui reprennent entièrement le feuillage du jeune âge. Il arrive quelquefois que, sans aucune lésion appréciable, on voit apparaître sur un arbre des rameaux qui reprennent toute l'apparence de l'état juvénile et forment par là un curieux contraste avec ceux qui les environnent. Cette régression vers des formes antérieures, et qui est comme un rajeunissement partiel de l'arbre, n'est pas un obstacle à la floraison; ces rameaux d'aspect juvénile fleurissent quelquefois et mûrissent des fruits tout aussi bien que ceux de la forme adulte.

Ce ne sont pas là les seules modifications du feuillage dans les Eucalyptus. Il y a quelques espèces, dans le groupe que, par opposition au précédent, on pourrait appeler les *uniformes*, chez lesquelles les feuilles primordiales, alternes et pétiolées, sont réellement peltées par suite de l'insertion du pétiole à une certaine distance de la base du limbe. Ce caractère n'est pas très constant, car dans la même espèce on trouve des individus qui le présentent et d'autres qui en sont dépourvus. Il n'affecte d'ailleurs le plus ordinairement que les cinq ou six premières feuilles, quelquefois aussi un plus grand nombre; mais, s'il est transitoire dans ces espèces, il devient permanent chez d'autres. C'est du moins le cas de l'*E. peltata*, dont les feuilles restent peltées pendant toute la vie de l'arbre.

Presque tous les Eucalyptus arrivés à l'âge adulte sont très glabres; il y a cependant quelques exceptions, l'*E. setosa* par exemple, dont les rameaux et les inflorescences sont hérissés de longs poils. A l'état juvénile, beaucoup d'espèces ont la tige et les feuilles couverts de petits poils glanduleux qui les rendent scabres au toucher et leur communiquent une teinte mate (*E. cornuta*, *E. Lehmanni*, *E. Planchoniana*, etc.); mais cette villosité est le plus souvent très passagère. Quelquefois elle est remplacée par de simples aspérités, par exemple dans l'*E. coccifera*, qui, encore à sa deuxième ou sa troisième année, est couvert de glandules saillantes, qu'on peut regarder comme la base de poils avortés. En passant à l'état adulte, il se dépouille de cette vestiture et devient entièrement glabre.

Il serait à désirer pour le nomenclateur et le descripteur d'Eucalyptus que les deux groupes désignés ci-dessus par les dénominations de *biformes* et d'*uniformes* fussent nettement tranchés; malheureusement il n'en est point ainsi. Entre les extrèmes de chaque groupe, entre les Eucalyptus les plus uniformes et les plus biformes, on trouve une nombreuse série d'espèces où ces différences s'atténuent d'une manière si insensible, qu'on ne sait où placer la limite de séparation. D'un autre côté, quand nous voyons combien sont instables presque tous les caractères sur lesquels nous cherchons à fonder les espèces, nous nous demandons s'il n'y en pas qui se partagent entre les deux groupes, distribuant indifféremment leurs individus parmi les uniformes et les biformes. C'est une question qui se pose à l'esprit quand on a sous les yeux des semis où certaines espèces sont représentées par de très nombreux échantillons. On est frappé alors du peu d'uniformité qu'ils présentent, sans qu'on puisse, avec certitude, l'attribuer à un mélange de graines différentes ou à un mauvais étiquetage. Il n'est pas impossible que des graines de même espèce, récoltées sur des individus différents, donnent des produits plus ou moins dissemblables. Enfin, quoiqu'on n'en ait aucune preuve, il se peut que le croisement d'espèces voisines ou de simples variétés d'une même espèce soit la première et principale cause de ces variations.

Un trait commun à tous les Eucalyptus, et on pourrait dire à presque toutes les Myrtacées de l'ancien continent, est l'existence de glandes oléifères dans les feuilles, l'écorce et toutes les parties vertes de la plante. C'est aux huiles essentielles sécrétées par ces glandes que les Eucalyptus doivent les odeurs balsamiques que répandent leurs feuilles froissées entre les doigts; leur bois lui-même en est imprégné, et on peut y voir la cause de son immunité contre les attaques des insectes. Il n'y a d'ailleurs qu'un très petit nombre d'espèces dont le feuillage ne soit pas rebuté par les bestiaux, et ce sont naturellement les plus pauvres en sécrétions aromatiques. Il paraît cependant que les Eucalyptus peuvent nourrir des plantes parasites, car le Dr Koch, de Berlin, si versé dans la connaissance des arbres, rapporte avoir observé en Italie le Gui (*Viscum album*) implanté sur l'*E. globulus* (1).

Un autre caractère des Eucalyptus, mais beaucoup moins général que le précédent, est l'exsudation des substances oléorésineuses des feuilles et de la jeune écorce sous la forme de pulvérulence impalpable, qui, suivant son abondance, communique à ces parties de la plante une teinte plus ou moins glauque ou même blanchâtre, sous laquelle se dissimule la couleur verte normale. Cette exsudation est ordinairement plus prononcée dans le premier âge des arbres qu'à l'état adulte. Chez beaucoup d'espèces elle est très faible et même paraît nulle ou à peu près nulle chez quelques-unes; mais il y en a sur lesquelles la matière exsudée s'accumule en telle quantité, que les feuilles et les rameaux en paraissent presque blancs. De là les expressions employées par les descripteurs de *feuilles pruineuses, glaucescentes, glauques, blanchâtres*, etc., qui reviennent fréquemment dans leurs mémoires. C'est aussi ce que rappellent les dénominations vulgaires données par les colons australiens à beaucoup d'Eucalyptus, telles que *Blue Gum, White Gum, White Mahogani*, etc., qui, pour la plupart, s'appliquent à plusieurs espèces différentes, mais de même coloration générale.

La figure, la grandeur, la consistance, la direction du limbe des feuilles et sa nervation sont aussi à considérer, car, malgré l'extrême variabilité de ces organes, on y trouve souvent de bons caractères spécifiques. Suivant les espèces et l'âge des individus, la forme des feuilles se modifie et rarement, comme je l'ai déjà dit, celles de l'état juvénile font prévoir celles de l'âge adulte, qui, dans la grande majorité des espèces, et quelle qu'ait été la forme des feuilles du premier âge, tendent à devenir plus ou moins longuement lancéolées et très souvent à se courber en lame de faux. Presque toujours aussi, dans ce dernier cas, les feuilles placent leur limbe

______

(1) *Gardener's Chronicle*, 1876, septembre, p. 399.

dans un plan vertical ou oblique par la torsion de leur pétiole, et il en résulte pour ces arbres un aspect particulier, qui les fait distinguer, même de loin, de nos arbres indigènes.

La consistance des feuilles diffère aussi d'espèce à espèce. Elles sont molles ou coriaces, souples ou rigides, quelquefois remarquablement épaisses, souvent plus larges et plus grandes dans la jeunesse que dans un âge plus avancé. Leur surface est tantôt mate, tantôt luisante, et leur teinte différente d'un côté à l'autre du limbe quand elles restent dans un plan horizontal. Les nombreuses glandes oléo-résineuses dont elles sont parsemées ne sont pas également visibles dans toutes les espèces. Toujours parcourues par une nervure médiane qui se dirige de leur base à leur sommet, elles émettent de chaque côté de cette nervure principale des nervures secondaires, quelquefois très caractéristiques, sous des angles plus ou moins ouverts, c'est-à-dire plus ou moins divergentes de la nervure médiane, et qui vont rejoindre une nervure marginale, tantôt très visible, tantôt très effacée, qui court le long des bords de la feuille. Les descripteurs en ont souvent tenu compte, mais elle ne me paraît pas avoir toute l'importance qu'ils lui ont attribuée pour la caractéristique des espèces. Il est presque superflu d'ajouter que chez tous les Eucalyptus le feuillage est persistant et se conserve sur les arbres ordinairement plus d'une année.

Ce qui vient puissamment en aide au botaniste et à l'arboriculteur pour distinguer les espèces les unes des autres, ce sont les proportions auxquelles elles arrivent, et, sous ce rapport, il y a entre elles de grandes différences. Quelques Eucalyptus, comme nous le verrons plus loin, passent pour les plus grands arbres qui existent au monde ; d'autres sont de taille moyenne et un certain nombre s'arrêtent à celle d'arbrisseaux ou même de simples buissons. Le port et l'aspect général varient de même. L'apparence extérieure de l'écorce, sa contexture et la manière dont elle se détache du tronc et des branches fournissent aussi des données d'une certaine valeur, et il est à remarquer que les colons qui, en Australie, se livrent à l'exploitation des forêts, distinguent plus aisément les Eucalyptus à la couleur et à la texture de leur écorce qu'à leurs autres caractères. Les botanistes eux-mêmes ont donné de l'importance à ce fait, à tel point que M. le baron Müller a fondé une classification générale des Eucalyptus sur les particularités offertes par l'écorce. Il les divise en six groupes ou sections, qui sont les *Leiophlœœ*, les *Hemiphlœœ*, les *Rhytiphlœœ*, les *Pachyphlœœ*, les *Schizophlœœ* et les *Lepidophlœœ*, dont les noms, tirés du grec, rappellent les traits les plus saillants de l'écorce. Cette classification, quoiqu'elle ne corresponde pas toujours avec les vrais caractères botaniques, est cependant assez naturelle, et elle a rendu de réels services aux botanistes descripteurs. Ajoutons qu'il s'agit ici de l'écorce des arbres adultes, et non de celle qui se détache sous forme de pellicules de la tige de jeunes sujets à leur seconde ou à leur troisième année, quelquefois dès la première, et dont la consistance est à peu près la même chez toutes les espèces.

Les bourgeons des Eucalyptus sont toujours nus; on n'y voit rien qui rappelle les enveloppes (bractées, écailles, etc.) sous lesquelles ceux de nos arbres indigènes trouvent un abri contre le froid, mais la nature y supplée d'une autre manière. Pendant la période de repos, qui peut être provoquée tout aussi bien par l'excès de la sécheresse que par le froid, les bourgeons restent latents, ou, pour mieux dire, à l'état de puissance dans le tissu de l'aisselle des feuilles, et ils ne commencent à émerger que lorsque les conditions météorologiques favorisent la reprise de la végétation. Si le bourgeon naissant est détruit par une cause quelconque, il s'en forme ordinairement un autre au-dessous de lui pour le remplacer. Les inflorescences, généralement axillaires, naissent de même à découvert (1), et leur développement complet, c'est-à-dire

____

(1) Il n'en est cependant pas toujours ainsi. Dans l'*E. botryoides*, les ombelles florales sont primitivement enveloppées d'une sorte d'involucre composé de deux folioles soudées l'une à l'autre, et qui a beaucoup d'analogie avec l'opercule corollin dont il a été question plus haut. De même que ce dernier, cet involucre se détache tout d'une pièce par circoncision au-dessous de l'ombelle,

jusqu'à la floraison, exige plusieurs mois et quelquefois une année entière. Il arrive même fréquemment que les feuilles qui avoisinent l'inflorescence sont tombées bien avant que celle-ci ait ouvert ses fleurs. A plus forte raison les fruits arrivés à maturité se trouvent-ils le plus souvent sur des parties de rameaux entièrement dépouillées de leurs feuilles.

Les inflorescences, les fleurs et les fruits sont de première importance pour caractériser les espèces d'Eucalyptus. Chez quelques-unes les fleurs sont solitaires à l'aisselle des feuilles; chez d'autres elles sont réunies par trois au sommet d'un pédoncule commun, formant ainsi des cymes axillaires triflores; plus souvent elles forment des ombelles de cinq et surtout de sept fleurs; dans d'autres cas, très fréquents aussi, l'ombelle est pluriflore, c'est-à-dire composée de plus de sept fleurs, et alors le nombre peut en être considérable, mais toujours normalement impair, sauf les cas de chute ou d'avortement de quelques fleurs. Ces ombelles sont quelquefois sessiles, plus souvent pédonculées, et leur pédoncule, tantôt grêle, tantôt épaissi et robuste, fréquemment aplati, surtout à sa partie supérieure. Les fleurs sont de même pédicellées ou sessiles au sommet du pédoncule commun, et, dans ce dernier cas, l'ombelle devient un glomérule.

Ce mode d'inflorescence est le plus ordinaire, mais il arrive chez quelques espèces que les ombelles florales s'accumulent vers les sommités des rameaux et que l'ensemble, surtout si les feuilles disparaissent, représente une panicule terminale. On trouve d'ailleurs tous les intermédiaires entre les panicules indécises et celles qui sont le mieux caractérisées. Elles peuvent être simples ou composées, par la division de leurs rameaux en panicules secondaires.

Les fleurs varient beaucoup de grandeur. Il en est de très petites, celles de l'*E. Raveretiana* par exemple, qui, tout à

qui est alors comme enchâssée dans une cupule dont le contour est plus ou moins saillant, quelquefois réduit à un simple anneau. Il est possible que cette particularité se présente dans d'autres espèces, mais c'est le seul exemple que j'en connaisse jusqu'ici.

fait ouvertes, ont à peine 4 millimètres de largeur; d'autres sont relativement très grandes, comme celles de l'*E. macrocarpa*, dont le diamètre transversal égale presque celui d'une rose moyenne. Entre ces deux extrêmes on trouve toutes les grandeurs intermédiaires. En général, quand les fleurs sont très grosses, elles sont solitaires aux aisselles des feuilles; lorsqu'elles sont de grosseur moyenne, elles sont, le plus souvent, sinon toujours, rapprochées en cymes triflores; enfin, lorsqu'elles sont très nombreuses dans une inflorescence, elles se classent, à quelques exceptions près, dans la catégorie des petites fleurs.

La forme de l'opercule et sa grandeur relativement au tube du calice sont importantes à considérer pour le diagnostic des espèces, et il est quelquefois tellement caractéristique, qu'il suffit à lui seul pour les faire reconnaître. Il est entendu qu'il s'agit ici de l'opercule corollin, de celui qui persiste jusqu'à la floraison, et non de celui qui, placé extérieurement, est fugace et peu remarqué. Il peut être très grand ou très petit, tantôt plus long que le tube du calice, et alors droit ou courbé, tantôt plus court, et même réduit à une petite calotte hémisphérique ou déprimée, obtuse ou apiculée. Dans le plus grand nombre des cas sa figure rappelle celle d'un cône, à pointe aiguë ou plus ou moins émoussée. Quelquefois sa base élargie déborde le pourtour du tube calicinal; d'autres fois elle est plus étroite. Si grande cependant que soit sa valeur au point de vue qui nous occupe, il s'en faut de beaucoup qu'il suffise ordinairement pour caractériser à lui seul une espèce. Il faut y ajouter les caractères tirés d'autres organes, tels que l'inflorescence et surtout le fruit, dont la forme et la grosseur ont beaucoup plus de fixité.

La floraison débute, ainsi que je l'ai déjà dit, par la chute de l'opercule, après quoi les étamines s'étalent en cercle autour de l'ovaire et du style. C'est une question de savoir si la fécondation s'opère avant la chute de l'opercule ou seulement après. L'observation n'en a pas, que je sache, été faite, mais il semble probable à priori qu'elle est postérieure à cette

chute, et que c'est au mélange de beaucoup de pollen étranger à l'individu fleurissant, apporté sans doute par des insectes, qu'il faut attribuer la grande variabilité de certaines
espèces. Évidemment les croisements ne seraient pas possibles si la fécondation s'opérait à huis-clos sous l'opercule,
mais par cela même que les fleurs restent longtemps ouvertes,
on peut conjecturer avec quelque vraisemblance qu'elles reçoivent du pollen d'autres arbres de même espèce ou d'espèces
voisines.

M. le baron Müller ne croit pas à l'hybridation dans les
Eucalyptus, cependant il existe des formes si parfaitement
intermédiaires entre des espèces acceptées par tous les botanistes, qu'on ne peut guère douter qu'il ne s'y forme des
hybrides, comme dans tant d'autres genres, les Saules et les
Rosiers par exemple. Le R⁴ Woolls, qui a beaucoup observé
les Eucalyptus en Australie, nous apprend qu'on trouve tous
les intermédiaires entre les *E. tereticornis* et *hemiphlœa* dans
les lieux où ces deux arbres croissent à proximité l'un de
l'autre. Les bûcherons eux-mêmes l'ont si bien remarqué,
qu'ils ont donné le nom d'*hybrid box* à des variétés qui tiennent également de ces deux espèces, étant tantôt plus voisines de l'*hemiphlœa* et tantôt du *tereticornis*. Souvent ce
sont les caractères du premier qui dominent dans la jeunesse,
mais à un âge plus avancé ils cèdent le pas à ceux du second.
La question reste donc en suspens, et elle ne pourrait être
résolue que par des expériences directes, d'ailleurs difficiles à
exécuter; elle n'en laisse pas moins supposer la possibilité, et
même la quasi-probabilité de l'existence d'hybrides entre certaines espèces d'Eucalyptus. Si le fait était un jour démontré,
on y trouverait l'explication de l'inconstance, souvent si embarrassante, de leurs caractères, dans ce que j'ai appelé la
variation désordonnée, suite ordinaire des croisements entre
espèces voisines ou variétés permanentes, à partir de la
deuxième génération hybride.

Je n'ai rien dit jusqu'ici de la couleur des fleurs, ou, pour
parler plus exactement, de la couleur des filets staminaux.

C'est qu'en effet il y a peu à en dire. La couleur dominante est le blanc, quelquefois teinté de verdâtre ou de jaune. Chez quelques espèces ce blanc tourne au rose quand les fleurs vieillissent, ainsi qu'on le voit assez souvent sur celles de l'*E. globulus*. Chez d'autres elles sont indifféremment blanches ou de couleur carmin, suivant les individus; l'*E. leucoxylon* nous offre un exemple bien connu de ces variations. Enfin il est quelques espèces plus richement colorées, telles, par exemple, que l'*E. miniata*, dont les filets staminaux sont d'un bel orangé, et l'*E. ficifolia* qui les a d'un rouge carmin très brillant, au moins dans une de ses variétés.

CULTURE ET MULTIPLICATION DES EUCALYPTUS.
LEUR IMPORTANCE COMME ARBRES FORESTIERS.

En 1849, le célèbre horticulteur anglais, sir Joseph Paxton, annonça avoir multiplié l'*E. macrocarpa* de boutures de rameaux à demi aoûtés, plantés dans du sable et abrités sous de petites cloches de verre dans une serre à multiplication. D'autres, avant lui, y avaient déjà réussi, car le fait est mentionné dès l'année 1821 dans le *Botanical Cabinet* de Loddiges, t. VI, n° 504. Ce procédé peut être utile quand il s'agit de quelque espèce rare qu'on ne pourrait multiplier autrement, ou quand on veut obtenir des arbres assez nains pour être élevés en caisses ou en pots, et destinés à être abrités en hiver dans des orangeries ou des serres de moyenne hauteur. Dans les pays méridionaux, où les Eucalyptus peuvent passer la mauvaise saison en plein air, le meilleur moyen de multiplication, et le seul usité jusqu'ici, est le semis des graines qu'on fait venir directement d'Australie ou qu'on récolte sur les arbres déjà naturalisés. Ces semis se font habituellement en terrines sous châssis vitrés ou dans une serre à multiplication. On peut aussi les faire en pleine terre, à l'air libre, sur une planche de terreau sableux, abritée contre les vents et contre les rayons directs du soleil, à condition que la température générale soit assez élevée, par exemple de 22 à 25 degrés centigrades à l'ombre, dans le milieu du jour. Les graines d'Eucalyptus, étant pour la plupart très fines, doivent être à peine recouvertes, c'est-à-dire tout au plus d'un demi-millimètre de terre. Le semis sera tenu légèrement, mais constamment humide.

S'il est assez facile de faire lever les graines d'Eucalyptus, il l'est beaucoup moins de faire vivre et de conserver le jeune plant, très sujet à fondre dans les deux ou trois premiers mois qui suivent la levée. Quand le semis a été fait en pleine terre, le danger est moindre : il suffit d'abriter contre les coups de soleil et de maintenir la terre à un degré moyen d'humidité. Quand le semis a été fait en terrines, on se trouve bientôt obligé de repiquer le plant un à un dans de petits pots. L'opération est d'autant plus chanceuse, que le semis a été fait plus serré ; les jeunes plantes se touchent et s'étouffent mutuellement, et il n'est guère possible alors, sans en sacrifier un certain nombre, de conserver autour de leurs racines la petite motte de terre qui en faciliterait la reprise. Ce repiquage est toujours une phase critique dans l'élevage des Eucalyptus, et demande beaucoup d'attention et une certaine adresse de main de la part de l'opérateur.

On augmente les chances de reprise en repiquant de bonne heure, c'est-à-dire dès que les jeunes plantes ont développé trois ou quatre feuilles après les cotylédons, et même plus tôt, en se servant de pots de 6 à 7 centimètres d'ouverture, drainés avec soin et remplis d'un compost de terreau végétal, de sable siliceux et de terre franche par parties égales. On donne immédiatement une bonne mouillure qui traverse toute la masse de la terre, et on met les pots à l'ombre, sous verre ou à l'air libre, suivant le lieu et la saison. Dès que les plantes sont reprises, on donne plus d'air et de soleil, mais graduellement, à mesure qu'elles se renforcent. Tenus trop longtemps à l'ombre, les jeunes Eucalyptus s'étiolent et restent longtemps faibles, mais leur plus grand danger vient d'arrosages inconsidérés, trop copieux ou trop fréquents, et c'est alors, surtout s'ils sont insuffisamment éclairés, qu'ils périssent en grand nombre. Il ne faut pas perdre de vue qu'on a affaire ici à des plantes de pays très ensoleillés et sujets à de longues sécheresses, et qu'on ne peut pas, sans dommage, les assujettir aux mêmes conditions que les plantes de climats humides et de faible éclairage solaire.

Quand le plant d'Eucalyptus a pris quelque accroissement dans les pots dont il vient d'être question, c'est-à-dire lorsqu'il a de 12 à 15 centimètres de hauteur, on procède à une nouvelle transplantation dans des pots d'une ouverture double des précédents et remplis du même compost, mais avec une plus forte proportion de terre franche. Il va de soi que ces pots devront être parfaitement drainés, ce que beaucoup de jardiniers négligent ou exécutent mal, et que les plantes y seront mises avec la motte entière retirée des premiers pots. C'est là qu'elles attendront leur plantation définitive, qui s'effectuera l'année suivante quand la terre aura commencé à s'échauffer sous les rayons du soleil. Étant en pots, il est facile de les mettre à l'abri du froid pendant l'hiver, soit sous des châssis ou des paillassons, soit même sans autre protection qu'un mur tourné au midi. Les précautions à prendre sont d'ailleurs déterminées par le climat du lieu, et on n'a pas de peine à comprendre qu'en Algérie, par exemple, les abris contre le froid sont beaucoup moins nécessaires qu'au nord de la Méditerranée.

Le premier hiver passé, les jeunes Eucalyptus n'ont pour ainsi dire plus rien à craindre, et les soins les plus ordinaires leur suffisent. Ce qu'il leur faut alors c'est d'être mis en pleine terre, à la place qu'ils doivent définitivement occuper. On choisit les endroits qu'on juge devoir le mieux leur convenir; on a soin surtout de ne pas les planter sous d'autres arbres ou trop près d'eux. Les Eucalyptus, dont le développement est si rapide, sont par cela même des arbres voraces, qui ne supportent pas que le sol, l'air, la lumière et l'humidité leur soient disputés. Ils aiment le soleil et résistent à ses rayons les plus ardents tant qu'ils trouvent un peu d'humidité dans la terre. Plantés dans un sol sans profondeur, rocailleux et sujet à se dessécher, la plupart y viennent mal, croissent à peine, et même beaucoup y périssent. Il y a cependant quelques espèces, généralement de petite taille, qui sont appropriées à ces sortes de terrains et qui, en Australie, constituent des broussailles (*Mallee scrubs*) analogues aux maquis du midi de l'Europe et du nord de l'Afrique.

Les Eucalyptus, lorsque le sol et le climat leur conviennent, croissent d'autant plus vite et arrivent à des proportions d'autant plus massives, qu'ils sont plus isolés des autres arbres de même espèce ou d'espèces différentes. C'est ce qui arrive aussi pour nos arbres indigènes, qui prennent des formes arrondies et une forte ramure là où ils ont toute liberté de s'étendre. Mais ce grand développement latéral n'est pas le plus avantageux pour les industries qui demandent des bois de construction. Un arbre qui se divise en grosses branches à peu de distance de sa base n'est pour elles que d'une utilité restreinte ; ce qu'il leur faut surtout, ce sont les longues pièces droites, régulières, uniformément calibrées et sans nœuds, propres, en un mot, à fournir des madriers et des planches de toute grandeur. On les obtient d'arbres élevés en futaie, c'est-à-dire en massifs assez serrés pour que les arbres, ne recevant les rayons directs du soleil que par leur sommet, se développent surtout en longueur, assez ouverts cependant à la lumière diffuse et aux courants d'air pour que les tiges y acquièrent un volume suffisant et le degré de dureté qui est inhérent à l'espèce. L'aménagement d'une futaie en vue de la production du bois de grande charpente et de constructions navales est le but essentiel et, à proprement parler, le seul but de l'art forestier.

A chaque essence d'arbres correspond un aménagement et un mode d'exploitation particuliers. Les bois feuillus (Chênes, Hêtres, Bouleaux, etc.) ne se gouvernent pas de la même manière que les résineux (Pins, Sapins, Mélèzes, etc.) ; de même aussi il faudra d'autres méthodes d'aménagement et de reproduction pour les bois d'Eucalyptus, quand on se sera sérieusement occupé d'en établir. Pour eux, sauf dans quelques cas exceptionnels, on ne procédera plus par le semis sur place ; les arbres auront été élevés en pots, ou tout au moins en pépinières, et seront plantés en lignes à des distances égales les uns des autres. Dans le principe, la plantation devra être un peu serrée, soit, par exemple, s'il s'agit de l'*E. globulus*, de manière à laisser à chaque arbre un espace de 4 mètres carrés, ce qui revient à une plantation de 2500 arbres à l'hectare. Successivement, à partir de la troisième ou de la quatrième année, suivant le degré de développement des arbres, on éclaircit la plantation par la suppression de lignes entières, d'abord dans un sens, puis dans un autre, de manière à laisser de plus en plus d'espace entre les arbres à mesure qu'ils grandissent. On élague, s'il y a lieu, pour conserver les tiges nettes de grosses branches, mais cette opération doit être faite avec mesure, parce que les branches, dans le premier âge, servent à nourrir le tronc et le préservent d'être cassé par le vent. On supprime de même les sujets difformes ou mal venus, qui ne donneraient que de mauvaises pièces. Ces suppressions et ces élagages successifs donneront un certain profit par la vente des fagots pour le chauffage des fours, et ce profit s'accroîtra chaque année. En définitive le massif boisé se réduira, au bout d'une dizaine d'années, à 4 ou 500 arbres à l'hectare. Entre la quinzième et la vingtième année on procédera à l'exploitation de la forêt, dont les arbres, si le sol leur a convenu, auront de 20 à 25 mètres de hauteur, sur 2^m,50 à 3 mètres de circonférence à 1 mètre du sol. Il serait prématuré d'évaluer aujourd'hui le produit en argent d'un massif d'Eucalyptus arrivés à maturité, mais il y a toute apparence que ce produit indemniserait largement le cultivateur de ses avances. On comprend d'ailleurs que le bénéfice, ici comme dans toutes les cultures, est subordonné à des circonstances qu'on ne peut pas toutes prévoir, et parmi lesquelles il faut compter les conditions économiques, très variables suivant les temps et les lieux (1).

(1) On trouvera de plus amples détails sur la culture des Eucalyptus et le

La condition capitale dans la culture des Eucalyptus, quand il s'agit du profit, est assurément celle du climat, sur laquelle nous avons déjà appelé l'attention du lecteur. Toutes les espèces du genre n'ont pas, sous ce rapport, les mêmes exigences. Considérés dans l'ensemble, les Eucalyptus sont des arbres de climats tempérés-chauds, où l'hiver est doux, le printemps pluvieux et l'été chaud et sec, avec quelques différences suivant les latitudes et la topographie locale. Très peu d'entre eux s'accommodent du climat tropical, surtout s'il est humide ; un nombre moindre encore pourra vivre en Europe, au voisinage de l'Océan, au-dessus du quarante-troisième degré de latitude, tant à cause de l'insuffisance de la chaleur en été que de la rigueur du froid en hiver. Quelques espèces cependant, principalement de la Tasmanie (*E. viminalis, E. amygdalina, E. coccifera*) ou des sommets les plus élevés des Alpes australiennes (*E. Gunnii, E. coriacea, E. polyanthema*, etc.) semblent avoir quelque chance de s'y naturaliser. C'est une expérience à faire et dont on ne saurait actuellement présumer les résultats. Nous savons cependant que quelques-uns de ces arbres ont vécu ou vivent encore dans les parties les plus tempérées de l'Angleterre et même jusqu'en Écosse.

Si prépondérante que soit la question du climat, elle n'est pas la seule à considérer. La composition minéralogique du sol exerce aussi une influence très marquée sur le succès des plantations d'Eucalyptus. On a observé en Australie que la distribution géographique des espèces est subordonnée à la nature du sol presque autant qu'aux latitudes ; que certaines d'entre elles sont limitées aux formations du grès, d'autres à celles des basaltes, des granits, du calcaire, etc., en un mot, qu'elles sont localisées par peuplements, ce qui explique pour-

profit à en tirer, dans le *Guide du planteur d'Eucalyptus*, par A. Certeux, membre de la Société d'agriculture d'Alger ; brochure de 250 pages, publiée en 1877. Nous recommandons de même deux opuscules de M. Trottier : *Le rôle de l'Eucalyptus en Algérie*, 1876, et *L'accroissement de la valeur progressive de l'Eucalyptus*, 1876. On lira aussi avec intérêt une brochure de M. Félix Martin intitulée : *L'Eucalyptus et ses applications industrielles*, 1877.

quoi telle espèce qui abonde sur un point disparaît subitement pour reparaître à une grande distance de là, mais toujours sur un terrain de même composition minéralogique. Ce sujet a été encore peu étudié, mais ce qu'on en sait suffit déjà pour montrer qu'indépendamment du climat toutes les espèces ne réussiront pas également partout, et que c'est par des tâtonnements qu'on reconnaîtra les sols qui détermineront le choix de telles espèces plutôt que de telles autres dans une localité donnée.

Les époques de floraison des Eucalyptus paraissent très irrégulières, non seulement d'espèce à espèce, mais d'un individu à l'autre. Dans une collection tant soit peu nombreuse on observera des floraisons presque à tous les mois de l'année ; il semble cependant qu'elles sont plus fréquentes, au moins sous nos climats, du commencement de l'automne à la fin du printemps, ce qui doit pareillement avoir lieu en Australie, mais on en voit aussi au cœur de l'été. Un fait qui est encore à noter, parce qu'il a peu d'analogues parmi nos arbres indigènes, c'est que, dans plusieurs espèces d'Eucalyptus, même de celles qui atteignent la plus grande taille, il se trouve des individus précoces qui fleurissent à leur troisième ou à leur quatrième année, quelquefois même à la seconde, quand ils ne sont encore que de faibles arbustes de 1^m,50 à 3 mètres. Les plus grands Eucalyptus peuvent même ne pas dépasser la taille d'arbrisseaux ou de buissons quand ils croissent dans un sol trop sec ou de mauvaise nature, et néanmoins être très féconds en fleurs et en graines. Enfin, s'il y a des Eucalyptus dont la rapidité de croissance nous étonne, il y en a aussi dont le développement est tout aussi lent ou même plus lent que celui de nos arbres indigènes.

Au nombre des services que peuvent nous rendre les Eucalyptus, il en est un qui n'a encore été qu'entrevu et sur lequel il semble bon d'appeler l'attention des cultivateurs méridionaux : c'est de pouvoir servir très avantageusement à la nourriture des abeilles. Chez quelques espèces, telles que les *E. rostrata, melliodora, diversicolor, robusta*, etc., la floraison est excessivement abondante, et elle attire ces insectes de fort loin. De la pointe du jour à la nuit, ces arbres à fleurs parfumées sont chargés d'abeilles, qui y font, à n'en pas douter, d'amples récoltes de miel. Il est visible par là que ceux qui, dans le midi de l'Europe et autres climats analogues, pratiquent l'intéressante industrie de l'apiculture, auraient tout avantage à élever quelques-uns de ces arbres au voisinage de leurs ruchers.

Il n'y a pas encore trente ans que la culture des Eucalyptus a commencé en France, en Algérie et dans le midi de l'Europe, et déjà ces arbres s'y comptent par centaines de mille. Sur ce nombre l'espèce de l'*E. globulus* prime de beaucoup toutes les autres, ce qu'elle doit à la réputation qu'on lui a faite d'être par excellence l'arbre assainisseur des pays marécageux et de contenir l'antidote de la fièvre. Que cette réputation ait été surfaite, c'est aux hygiénistes et aux médecins de nous le dire, mais il n'en reste pas moins avéré que, par la puissante succion de ses racines et par l'énergique exhalation qui y correspond dans son feuillage criblé de stomates, l'*E. globulus* assèche rapidement les terres imbibées d'eau, et par là fait disparaître bien des causes de maladie. On lui attribue la salubrité actuelle de localités de l'Algérie, jadis très malsaines et très redoutées, et c'est encore sur lui que l'on compte pour combattre les effluves mortels des marais de l'Italie centrale. L'expérience n'en est encore qu'à ses débuts et ne peut pas avoir donné tous les résultats qu'on est en droit d'en attendre, mais elle est patronnée par le gouvernement et, d'ici à peu d'années, on saura à quel point les conditions sanitaires du pays en auront été améliorées.

Des plantations d'arbres sont toujours utiles ; elles le sont surtout dans les pays chauds, et on peut dire qu'elles deviennent une nécessité de premier ordre dans ceux qui ont été dépouillés de leurs antiques forêts et où la pénurie de bois, toujours croissante, menace de devenir une calamité publique. C'est particulièrement le cas des pays méditerranéens de l'Europe et du nord de l'Afrique, de l'Espagne, de l'Italie, du midi de la France et de l'Algérie. On y paye aujourd'hui par des désastres agricoles qui reviennent périodiquement les erreurs économiques des siècles passés. Quel affligeant spectacle, pour le voyageur qui parcourt ces contrées jadis florissantes et peuplées, que ces vastes étendues de terre sans verdure et sans habitants, ces montagnes et ces collines réduites à leur squelette de rochers, et ces plaines alternativement brûlées par le soleil et transformées en marécages pestilentiels par les eaux que les hauteurs dénudées de végétation ne peuvent plus retenir ! Le mal est grand, et il deviendra irrémédiable dans un avenir qui ne peut pas être bien éloigné, si on ne se hâte de prendre des mesures capables de l'arrêter.

Le remède est connu et son application n'est pas au-dessus des ressources d'un peuple civilisé. C'est le reboisement des montagnes et la plantation d'arbres partout où on a besoin de bois de construction et de combustible, c'est-à-dire partout où l'homme établit sa demeure. Il y a une juste proportion à garder entre la terre livrée à la culture et celle qu'on abandonne à la végétation arborescente, et ce n'est jamais impunément qu'on viole cette loi de la nature. Qu'on n'oublie pas que s'il est ordinairement facile de prévenir le mal, il faut le plus souvent un grand effort pour le guérir.

Les reboisements, si nécessaires aujourd'hui, seront une opération lente et laborieuse, et qui ne pourra s'effectuer qu'avec le concours de l'État, mais devant laquelle il ne faut plus reculer si on tient à sauvegarder l'avenir. Actuellement la France achète chaque année, au dehors, pour près de deux cents millions de francs de bois de construction, et cette grosse dépense, qui d'ailleurs grandit sans cesse, n'est rien à côté du danger que nous courons en nous mettant ainsi à la merci de l'étranger pour une matière si indispensable à toute nation civilisée. Et ce n'est pas seulement le bois de construction qui devient rare et cher, c'est aussi le bois à brûler, que la houille ne peut pas remplacer dans tous les cas, non seulement pour les usages domestiques ordinaires, mais aussi pour beaucoup d'industries. Cette pénurie de combustible est la première cause de la dénudation de nos montagnes du Midi, actuellement livrées à la vaine pâture, et où les troupeaux de moutons et de chèvres achèvent de détruire toute végétation ligneuse. Malheureusement il y a ici tant d'intérêts privés à déplacer, qu'on doute qu'il soit jamais possible de supprimer d'anciens usages et de trouver pour les habitants de ces lieux désolés d'autres moyens d'existence.

L'Algérie est peut-être plus menacée encore que la France par le déboisement de ses montagnes, où les mêmes causes ont amené les mêmes déplorables résultats, avec cette aggravation d'un climat plus chaud, plus sec et plus inhospitalier à la population européenne. La terre y est généralement fertile, mais par suite de l'insuffisance des pluies les récoltes y sont fréquemment compromises par la sécheresse. C'est un fait constaté par les plus anciens colons que la culture des céréales et des plantes fourragères y devient chaque année plus précaire et plus incertaine, aussi y donne-t-on de plus en plus d'extension à la culture de la vigne. Mais si florissants que soient aujourd'hui les vignobles algériens, ils ne sauraient suffire à eux seuls pour entretenir une population rurale ; il leur faut des points d'appui dans d'autres cultures, et avec d'autant plus de raison qu'ils sont tout aussi exposés que ceux de l'Europe aux fléaux de diverse nature : oïdium, anthracnose, phylloxera, etc., qui ruinent ces derniers. Ne compter que sur eux comme ressource principale de l'agriculture serait courir le risque d'accidents désastreux. C'est que, dans l'industrie du sol comme dans toutes les autres, et même plus que dans les autres, il faut avoir plus d'une corde à son arc, c'est-à-dire qu'une récolte venant à manquer il faut pouvoir se dédommager par une autre. On y parvient en variant les cultures, en associant, suivant les lieux et les capacités du sol, la vigne, les céréales, les plantes fourragères, les plantes industrielles, l'olivier, le mûrier, etc., toutes plantes qui supposent autant d'aptitudes particulières aux divers terrains, une chaleur suffisante et une somme annuelle d'eau pluviale proportionnée à cette chaleur. Sauf ce dernier point, l'Algérie possède tout le reste, et, si on parvient à modifier son climat dans ce sens, elle deviendra à coup sûr une des plus florissantes colonies de la terre.

Toute la question est là, mais par quel moyen obtiendra-t-on ce résultat si désirable? Il n'y a qu'une réponse : ce sera par l'épargne rigoureuse de ce qui reste à l'Algérie de ses anciennes forêts ; par la reconstitution de celles que l'incurie des hommes a fait disparaître ; par le reboisement de ses montagnes, principalement des hauts plateaux qui la séparent de la région saharienne, et aussi par une abondante plantation d'arbres dans ses plaines. Il faut que le colon ait toujours à sa portée le bois dont il a besoin pour ses constructions, son outillage agricole et même pour son ménage, sans avoir à le demander aux garrigues voisines qui redeviendront des bois et même des futaies quand on aura cessé de les dévaster. Couverte d'une épaisse végétation arborescente, l'Algérie verra son climat s'améliorer, la chaleur devenir plus supportable, les vents perdre de leur violence et la pluie revenir plus abondante et plus fréquente. En même temps les eaux pluviales mieux retenues dans le sol en conserveront plus longtemps la fraîcheur. Du même coup encore on verra disparaître les flaques d'eau croupissante qui engendrent la fièvre, et ces terribles inondations qui, de loin en loin, ravagent les terres cultivées, entraînant et noyant hommes et bestiaux.

Là est véritablement l'avenir de l'Algérie, et bien peu clairvoyant serait celui qui ne l'apercevrait pas. Mais le reboisement de vastes étendues de pays montagneux est une œuvre de longue haleine, peut-être cependant moins longue et moins difficile qu'elle n'apparaît au premier abord, car la nature ici fait cause commune avec l'homme. Elle-même travaille sans cesse à rétablir la végétation partout où elle trouve un reste de terre et d'humidité, en y faisant naître un buisson d'abord, puis un arbre. Il n'y aurait souvent qu'à la laisser faire sans la contrarier ; mais, si elle est aidée, elle paye au centuple celui qui la seconde. En tout pays et sous toutes les latitudes, à l'exception des pôles, elle a prodigué les plantes les mieux ap-

propriées aux conditions locales d'existence, et c'est à celles-là,
avant toutes les autres, qu'il faut s'adresser pour refaire des
bois là où il n'en existe plus. En fait d'essences indigènes,
l'Algérie est bien douée ; elle possède des Chênes (*Quercus
Mirbeckii*, *Q. castaneæfolia*, *Q. ilex*, *Q. ballota*, *Q. suber*), des
arbres résineux (*Cedrus Libani*, var. *atlantica*, *Pinus halepen-
sis*, *P. pinaster*, *Abies Pinsapo*, *Juniperus thurifera*, etc.), des
Érables (*Acer obtusifolium*, *A. monspessulanum*), des Frênes
(*Fraxinus australis*, *F. dimorpha*) et beaucoup d'autres arbres
et arbrisseaux, dont il serait trop long de donner la liste. J'en
excepte un seul, le Térébinthe de l'Atlas (*Pistacia atlantica*),
qui est, d'après M. Ernest Cosson, la véritable essence forestière des hauts plateaux, et celle qui frayera la route aux autres
dans cette région déserte et désolée.

Cependant, bien avant que cette vaste opération soit accomplie,
il faut que l'Algérie trouve chez elle tout le bois réclamé par les
besoins de sa population croissante, et cela dans le moindre
laps de temps possible. Elle y parviendra en multipliant les
essences de croissance rapide. Or, de tous les arbres aujourd'hui
connus, il n'en est point qui, dans un temps donné, produisent
autant de matière ligneuse que certains Eucalyptus. On peut,
par exemple, sans la moindre exagération, évaluer la production en bois de l'*E. globulus* à quatre fois celle d'un chêne de
nos climats dans un même nombre d'années et à égale fertilité
du terrain. Ainsi, à vingt-cinq ans, un arbre de cette espèce
équivaut à un Chêne de cent ans; c'est une économie de trois
quarts de siècle, avantage inappréciable dans la vie d'un
homme. Remarquons d'ailleurs qu'il ne s'agit pas seulement
de satisfaire à des besoins locaux ; il faut aussi songer à l'expor-
tation. Le mal dont souffre la France est commun à toute
l'Europe, et il pèse surtout sur les États maritimes,
obligés aujourd'hui d'importer à grands frais les bois d'œuvre
nécessaires à leurs constructions navales. Eh bien, l'Algérie,
si on le veut sérieusement, pourra, à l'aide des Eucalyptus, devenir la grande pourvoyeuse de l'Europe occidentale,
et ce sera par centaines de millions que s'évalueront

ses revenus dans un avenir relativement très rapproché (1).

Il n'y a guère, jusqu'ici, que deux espèces d'Eucalyptus qui aient fixé l'attention des colons algériens, l'*E. globulus* et l'*E. resinifera* (2), et encore avec une grande prédominance du premier sur le second, parce que sa croissance est plus rapide, mais ce ne sont pas les seuls à utiliser pour la production du bois. D'autres espèces, non moins recommandables, croissent tout aussi vite que l'*E. globulus* et arrivent aux mêmes proportions. Nous en possédons quelques exemplaires remarquables à la villa Thuret, mais trop jeunes encore pour pouvoir être déterminés spécifiquement sans risque d'erreur, aussi m'abstiendrai-je d'en parler dans ce premier mémoire. Je rappelle d'ailleurs qu'au point de vue qui nous occupe, toutes les espèces d'Eucalyptus n'ont pas les mêmes propriétés; qu'elles ne sont pas également propres aux mêmes usages et qu'elles ne s'accommodent pas non plus des mêmes natures de sols. Il y aura

(1) Une autre raison pour développer en Algérie la production forestière et qui, après les récentes catastrophes de Chio et d'Ischia, ne peut échapper à personne, est de se mettre en garde contre les tremblements de terre, en construisant autant que possible les maisons en bois, ou en y prodiguant le bois de manière à maintenir la maçonnerie et à en empêcher l'écroulement. C'est la précaution qui devrait être prise dans tous les pays sujets à ces commotions du sol et l'Algérie est du nombre. Il n'y a pas encore un siècle, car c'était en 1790 et 1791, deux formidables tremblements de terre ont renversé la ville d'Oran et enseveli sous ses ruines des milliers de personnes. La garnison espagnole presque tout entière y a péri, et c'est à la suite de ce désastre que la ville a été réoccupée par les Arabes, qui l'ont gardée jusqu'à l'arrivée des Français.

Depuis cette époque, l'Algérie a éprouvé plusieurs tremblements de terre, et, sans remonter plus haut que l'année 1825, la ville de Blidah s'est écroulée sur ses habitants. Ces redoutables accidents se reproduiront un jour ou l'autre, on n'en peut guère douter, et leur gravité autant que leur soudaineté doivent nous tenir sans cesse en éveil. Aucune industrie humaine ne peut les maîtriser, mais on peut en éviter les conséquences funestes en substituant le bois à la pierre dans les constructions. Il est donc prudent d'avoir toujours sous la main la quantité de bois nécessaire pour parer à toutes les éventualités, et on y parviendra en multipliant les arbres de haute futaie partout où existeront des centres de population.

(2) C'est avec doute que je nomme ici, d'après divers agriculteurs, l'*E. resinifera*, car presque partout on le confond avec l'*E. rostrata*.

donc encore bien des recherches à faire, bien des tâtonnements
à risquer dans la culture des Eucalyptus pour être renseigné
sur ces divers points, mais la première question qui se présente
est d'en reconnaitre les espèces et de bien saisir leurs caractères distinctifs. C'est ce que j'ai essayé de faire dans ce travail
en m'aidant de mes propres observations et peut-être davantage encore de celles d'autrui. S'il peut être de quelque utilité,
je me trouverai suffisamment payé de ma peine.

SECONDE PARTIE.

DESCRIPTION DES ESPÈCES D'EUCALYPTUS ARRIVÉS A L'ÉTAT ADULTE EN FRANCE ET EN ALGÉRIE.

L'usage des diagnoses latines étant devenu général en botanique, je crois devoir m'y conformer dans cette seconde partie
de mon travail, non seulement parce que le latin est aujour-
d'hui la langue scientifique universelle, mais aussi, et principalement, parce que les mots usités dans les descriptions ont
acquis conventionnellement un sens précis, qui exprime clai-
rement et brièvement ce que l'on veut dire. Tout le monde
admet qu'une diagnose latine, exacte et bornée à ce qu'il y a
d'essentiel, fait souvent mieux saisir les caractères des espèces
que de longues descriptions dans une langue vivante, ordinairement moins façonnée à cet emploi spécial. D'un autre côté,
je ne dois pas perdre de vue que si ce travail va principalement
à l'adresse d'un public peu familiarisé avec les formules de la
science, il aura aussi, je l'espère du moins, quelques lecteurs
parmi les botanistes de profession, en France et à l'étranger.
C'est donc exclusivement pour eux que j'ajoute à mes descriptions françaises, mais comme simple accessoire, quelques
phrases descriptives dans une langue à laquelle tous sont
habitués.

EUCALYPTUS.

Flores tetra-penta-hexameri; calyce rarissime breviterque dentato, limbo sæpius in calyptram tenuem mature sphacelatam et caducam conflato, tubo persistente diversiformi. Corolla in operculum mutata, tubo calycino continua, sub anthesi circumscissa et decidua. Stamina sæpius numerosissima, fere semper omnino libera, antheris bilocularibus apice biporosis aut longitudinaliter birimosis. Ovarium tubo calycino magis minusve adhærens, 3-5-loculare, rarius 6-loculare, stylo filiformi, stigmate nunc punctiformi nunc modice dilatato aut peltato. Capsula sæpissime in tubo inclusa, rarius semilibera et exserta, loculis apice dehiscentibus. Semina ut plurimum numerosa, irregularia, maxima parte efœta.

Arbores aut arbusculæ sæpe biformes, id est secundum ætaem facie et habitu diversæ; foliis nunc oppositis, imo (sed rarissime) ternatis, præcipue in ætate primaria, nunc alternis et tunc sæpius lanceolatis, raro per paria basi connatis, limbo magis minusve coriaceo, glandulis oleoso-resinosis consperso, haud raro glaucescente aut pruinoso-albicante; floribus axillaribus, sæpius in umbellulas pedunculatas digestis, rarius ad apices ramorum corymbosis paniculatisve; fructibus maturis sæpe sublignosis.

Les trente et une espèces d'Eucalyptus ici décrites peuvent être classées ainsi qu'il suit, en prenant l'inflorescence pour caractère principal :

a. Fleurs solitaires, axillaires, nutantes................... *E. tetraptera.*
b. Fleurs en cymes triflores, axillaires, quelquefois solitaires par avortement des deux autres.
    1. Étamines distribuées en 4 phalanges, bord du calice
       quadrilobé .... *E. erythrocorys.*
    2. Étamines uniformément distribuées; bord du calice
       tronqué sans lobes.

                                                                         E. Preissiana.
        † Fruits gros (presque du volume d'une noix)... } *E. megacarpa.*
                                                                             E. globulus.

†† Fruits petits (à peu près de la grosseur d'un
pois).. *E. viminalis.*

e. Fleurs en ombelles axillaires, ordinairement 3-flores,
quelquefois 5-7-flores, longuement pédonculées et nutantes.. *E. longifolia.*

d. Ombelles axillaires, normalement septiflores.

    1. Opercule plus long que le tube du calice; étamines $\Big\{$ *E. occidentalis.*
    droites dans le bouton...................... *E. obcordata.*

    2. Opercule plus court ou à peu près de même lon- $\Bigg\{$
    gueur que le tube du calice; étamines infléchies
    dans le bouton ....
> *E. gracilis.*
> *E. melliodora.*
> *E. Gunnii.*
> *E. goniocalyx.*
> *E. coccifera.*

e. Ombelles axillaires, souvent 7-flores, mais où le nombre
des fleurs peut varier de 7 à 11.....................
> *E. tereticornis.*
> *E. leucoxylon.*
> *E. rudis.*
> *E. botryoides.*
> *E. diversicolor.*

f. Ombelles axillaires pluriflores, pouvant porter jusqu'à
25 fleurs ou plus :

    1. Opercule 4 à 5 fois plus long que le tube du calice;
    étamines droites dans le bouton. ....
> *E. cornuta.*
> *E. Lehmanni.*

    2. Opercule à peu près de même longueur que le tube
    du calice, ou plus court que lui; étamines infléchies
    dans le bouton..............................
> *E. robusta.*
> *E. diversifolia.*
> *E. obliqua.*
> *E. amygdalina.*
> *E. rostrata.*
> *E. Risdoni.*
> *E. concolor.*

Inflorescence en panicules ou en corymbes terminaux,
par le rapprochement des ombelles 3-5-7-flores.

    1. Fruits gros (volume d'une noix moyenne)......... *E. calophylla.*
    2. Fruits petits (volume d'un grain de poivre ou d'un $\Big\{$ *E. polyanthema.*
    petit pois)................................. *E. cinerea.*

Ce tableau synoptique ne s'applique qu'aux trente et une
espèces décrites dans ce mémoire. Avec un plus grand nombre
il devrait être modifié. Peut-être alors conviendrait-il de
prendre, pour point de départ, un autre caractère que l'inflorescence.

a. — Fleurs solitaires, axillaires, nutantes.

1. EUCALYPTUS TETRAPTERA.

Turczaninow, in *Bull. Soc. nat. Moscou*, 1849, II, p. 22; F. von Müller, *Fragm.*, II, p. 34; Bentham, *Flor. Austr.*, III, p. 228; Müller, *Eucalypto-graphia*, fasc. II, n° 10. — *E. acutangula*; Turczanin., *Bull. de l'Acad. des sc. de Saint-Pétersbourg*, 1852, p. 418.

E. fruticosa; ramis supremis angulatis; foliis alternis, petiolatis, ovali-lanceolatis aut lanceolato-subfalcatis, sæpe apiculatis, insigniter coriaceis et rigidis; floribus (pro genere magnis) in axillis foliorum solitariis, cernuis, pedunculo applanato-dilatato; calyce acute quadrangulo aut fere qua-drialato, breviter 4-dentato; operculo conico quam tubus calycinus breviore et angustiore; staminibus in alabastro introflexis, rubris; capsula profunde inclusa, 4-loculari; semi-nibus angulato-pyramidatis, exappendiculatis.

Buisson de 3 à 4 mètres, dont je ne connais pas l'état juvénile, mais que j'ai trouvé adulte et fleurissant dans la collection de M. Cor-dier à la Maison-Carrée, près d'Alger. Il est remarquable par l'épais-seur et la raideur de ses feuilles, longues de 8 à 12 centimètres, larges de 2 à 3, luisantes sur les deux faces, et surtout par la confi-guration de ses grosses fleurs à étamines rouges ou roses, solitaires et pendantes à l'extrémité d'un large pédoncule aplati et recourbé. Ces fleurs ont à peu près la grosseur de celles de l'*E. globulus*, mais avec le tube calicinal plus allongé; ce tube présente la forme d'une pyramide renversée, à quatre angles très saillants et tranchants, et qui se terminent par quatre petites dents sur le contour du bord supérieur. L'opercule, beaucoup plus étroit et plus court que le calice, est en forme de pyramide quadrangulaire surbaissée, dont les angles correspondent à ceux du tube calycinal. Le fruit, qui con-serve la forme du calice, devient dur et ligneux en mûrissant, et la capsule, qui y est profondément incluse, s'ouvre par quatre petites valves qui n'atteignent pas le bord supérieur du calice.

Par sa petite taille, son feuillage ferme et luisant et surtout par ses fleurs curieuses de forme et brillantes de coloris, l'*E. tetraptera* mé-rite une place dans nos jardins d'agrément; ce sera probablement le seul service à en attendre.

b. — Fleurs en cymes triflores, axillaires, quelquefois solitaires par avortement des deux autres.

1° Étamines en quatre phalanges; bord du calice prolongé en une membrane quadrilobée.

2. EUCALYPTUS ERYTHROCORYS.

F. von Müller, *Fragm.*, II, p. 38; *Eucalyptographia*, fasc. I, n° 2; Bentham, *Flor. Austr.*, III, p. 258.

E. arbuscula aut frutex magnus; foliis (etiam in planta adulta) suboppositis, petiolatis, anguste lanceolatis, magis minusve falcatis, rigidis; umbellis axillaribus, 3-floris, pedunculo communi complanato; floribus (pro genere magnis) pedicello pariter applanato suffultis; calyce obverse pyramidali, tetrahedro, 4-dentato, longitudinaliter sulcato; operculo depresso, corrugato, apiculato, rubro; staminibus in phalanges quatuor cum lobis calycinis alternantes aggregatis, luteis aut aliquando purpurascentibus; fructu maximo, obovoideotruncato, lignoso, obtuse angulato; capsula superne exserta et applanata, 4-loculari, breviter 4-valvi.

Cette espèce, remarquable et facile à distinguer de toutes les autres, ne m'est connue que par un seul exemplaire adulte et fleurissant de la collection de M. Cordier. C'est un petit arbre de 4 à 5 mètres, à rameaux rougeâtres, à longues feuilles lancéolées et acuminées, un peu courbées en faux, sinon tout à fait opposées, du moins fort rapprochées par paires. Les fleurs, au nombre de trois au sommet d'un pédoncule robuste, très aplati et un peu moins long que le pétiole de la feuille adjacente, sont à peu près de la grosseur de celles de l'*E. globulus*. L'opercule, très déprimé, beaucoup plus court que le tube du calice, obtusément carré comme lui, présente quatre rides qui vont se rejoindre au centre, où elles se prolongent en une petite tubérosité ou apicule obtus. Cet opercule est rouge ou rougeâtre, ce qui a valu à l'espèce le nom qu'elle porte. La forme du calice est insolite dans le genre; ses quatre angles principaux se terminent chacun par une courte dent et, après la chute de l'opercule, son bord supérieur s'étale en une sorte de membrane à quatre lobes obtus qui alternent avec les dents dont il vient d'être parlé et aussi avec les quatre phalanges ou groupes d'étamines; ces dernières sont tantôt jaunes, tantôt orangées ou même purpurines. Le fruit est remar-

quable par sa grosseur, qui dépasse souvent celle d'une forte noix ;
il est obovoïde ou en pyramide renversée, aussi large que long, relevé
dans le sens longitudinal de douze angles presque effacés, et terminé
supérieurement par la capsule aplatie et s'ouvrant par quatre valves
plus courtes que la distance qui les sépare du pourtour calicinal,
dépouillé alors de son prolongement membraneux. Les graines fertiles sont beaucoup plus grosses que les graines avortées.

L'*E. erythrocorys* ne peut être chez nous qu'un simple arbrisseau
d'ornement.

2° Étamines uniformément distribuées ; bord du calice tronqué,
sans lobes.

† — *Fruits presque de la grosseur d'une noix.*

3. EUCALYPTUS PREISSIANA.

Schauer, in *Lehm. Plant. Preiss.*, I, p. 131 (1844) ; Hooker, *Bot. Mag.*, tab
4266 ; Ferd. v n Müller, *Fragm.*, II, p. 38 ; *Eucalyptographia*, fasc. VIII,
n° 5. — *E. plurilocularis* Müll. anterius in *Fragm.*, II, p. 70.

E. arbuscula aut frutex, ramulis compresso-tetragonis ;
foliis approximato-suboppositis oppositisve, petiolatis, ovali-
oblongis, sæpius obtusis, coriaceis rigidisque ; cymis axillaribus, trifloris, pedunculo communi complanato et marginibus
subalato ; floribus singulis sessilibus, tubo calycino obverse
conico, operculo hemisphærico obtuso aut breviter apiculato ;
staminibus luteis ; fructu turbinato, sublignoso, extus lævi ;
capsula inclusa, sæpius 5-loculari, valvis brevibus deltoideis
aperta ; seminibus exappendiculatis.

Arbrisseau de 4 à 5 mètres, mais fleurissant sous une moindre
taille, et que je n'ai encore vu adulte, comme les précédents, que
dans la collection de M. Cordier, près d'Alger. Ses feuilles, raides et
coriaces, longues de 7 à 10 centimètres sur 2 à 3 de largeur, et toujours pétiolées, sont tantôt opposées, tantôt presque opposées par
rapprochement. Les fleurs, normalement au nombre de trois, et sessiles au sommet d'un robuste pédoncule commun, aplati et plus
court que le pétiole de la feuille adjacente, sont presque aussi grosses
que celles de l'*E. globulus*, mais avec une forme sensiblement différente et sans pulvérulence. Le tube du calice est obovoïde-conique
ou en cône renversé, lisse à l'extérieur comme l'opercule, qui est
bombé, hémisphérique, obtus ou courtement apiculé. Le fruit,

ligneux et dur, de forme obconique, largement ouvert au sommet,
avec un rebord épais, approche pour la grosseur d'une noix
moyenne. Les graines fertiles, peu nombreuses, sont grosses pour le
genre, de forme irrégulière et sans appendices.

L'*E. Preissiana* n'a pour nous d'autre intérêt que comme arbrisseau décoratif par son feuillage persistant et par ses fleurs (filets des
étamines) d'un jaune pâle. Sa petite taille permettra de l'élever en
caisse dans une orangerie de moyenne hauteur; on en trouve une
bonne figure coloriée dans le *Botanical Magazine*, pl. 4266.

4. EUCALYPTUS MEGACARPA.

F. von Müller, *Fragm. phytogr. austr.*, II, p. 70 (1860); *Eucalyptographia*,
fasc. VI, n° 3; Benth., *Flor. Austr.*, III, p. 232.

E. arborea, ut plurimum mediocris altitudinis; foliis (in
arbore adulta) alternis, petiolatis, ovato-lanceolatis lanceolatisve, rectis aut modice falcatis, rigidulis; umbellis axillaribus trifloris, pedunculo communi breviusculo apice dilatato;
floribus singulis sessilibus, majusculis, calyce turbinato,
operculo fere hemisphærico et apiculato; fructu hemisphærico-
truncato, capsula tubum calycinum paulo superante, applanata, lignosa, 5-6-loculari, valvis brevibus obtusis adpressis
aperta.

Cette espèce a quelque analogie avec l'*E. globulus*, dont il sera
d'ailleurs facile de la distinguer aux caractères suivants. Ce n'est
plus un grand arbre comme ce dernier; rarement elle atteint 20 à
25 mètres de hauteur, souvent même elle s'arrête à la taille d'un
grand arbrisseau. A l'état juvénile sa tige et ses rameaux sont cylindriques ou à peine et obtusément anguleux, sans efflorescence
blanche comme dans l'*E. globulus*. Les premières feuilles (huit ou
dix, plus ou moins) sont opposées, sessiles, elliptiques, un peu
grandes, d'un vert foncé ou à peine glaucescentes; celles qui suivent
deviennent insensiblement ovales ou ovales-lancéolées en même
temps qu'alternes et pétiolées. De plus en plus aussi elles tendent à
placer leur limbe dans un sens vertical. A l'âge tout à fait adulte
elles sont plus étroites, légèrement courbées en faux et un peu luisantes sur les deux faces.

Les fleurs sont de moitié moins grosses que celles de l'*E. globulus*,
qui d'ailleurs varie notablement sous ce rapport, ainsi que nous le
verrons plus loin; elles sont normalement au nombre de trois et ses-

siles au sommet de leur pédoncule commun, qui est très élargi du haut et plus court que le pétiole de la feuille adjacente. Le tube du calice et l'opercule sont presque lisses ou très finement rugueux; dans aucun cas ils ne sont relevés de côtes et d'aspérités comme dans l'*E. globulus*, et sont dépourvus de l'efflorescence cireuse qui blanchit ceux de ce dernier. Le fruit est presque aussi gros que celui de l'*E. globulus*, mais plus court, plus hémisphérique et surtout plus lisse. La capsule fait une légère saillie au-dessus du pourtour calicinal, et, comme ses valves sont courtes et s'écartent seulement à la maturité sans se redresser, il en résulte une déhiscence en forme d'étoile à cinq ou six branches et qui est très caractéristique.

D'après le baron Ferdinand Müller, on aurait quelquefois rencontré des sujets d'*E. megacarpa* hauts d'une trentaine de mètres; lui-même en a mesuré dont le tronc avait, au niveau du sol, jusqu'à 1 mètre de diamètre, mais ces grands échantillons ne se montrent que dans les sols exceptionnellement fertiles et naturellement irrigués. Nous manquons de renseignements sur les usages auxquels son bois pourrait être employé. Sa croissance d'ailleurs est assez lente, si nous en jugeons par les jeunes exemplaires que nous possédons à la villa Thuret. L'arbre à peu près adulte, fleurissant et mûrissant des graines, existe dans la collection de M. Cordier et aussi dans celle du baron Vincenzo Ricasoli, près de Florence.

5. EUCALYPTUS GLOBULUS.

Labillardière, *Voyage*, t. I, p. 153, tab. 13, et *Plant. Nov. Holl.*, II, p. 121; De Candolle, *Prodr.*, III, p. 220; Benth., *Flor. Austr.*, III, p. 225; F. von Müll., *Lithogr. suppl.*, tab. XVI, et *Eucalyptographia*, fasc. VI, n° 2, multisque aliis locis.

E. arborea, ingens; cortice vetustiore in pannos secedente; foliis (in arbore adulta et florente) coriaceis, ovato-lanceolatis, lanceolatisve, falcatis, acutis; inflorescentia axillari, nunc 1-flora nunc 3-flora, subsessili aut breviter pedunculata, alabastris turbinatis sæpius 4-angulatis aut costatis, verrucosis, pruinoso-albentibus; operculo depresso, umbonato; floribus pro genere magnis; fructu turbinato; capsula sursum applanata, oram calycinam attingente, sæpius 5-loculari. Semina angulata, irregularia, exappendiculata.

Arbre de très grande taille, de croissance rapide et essentiellement biforme. A l'état juvénile, c'est-à-dire pendant les deux ou trois pre-

mières années, c'est un arbrisseau de forme pyramidale, à rameaux
étalés, tétragones et même presque quadrialés, pruineux et blanchâtres comme les feuilles, qui sont opposées, sessiles, embrassantes
par leur base, ovales ou ovales-oblongues, et qui exhalent par le frois-
sement une forte odeur de camphre. A l'état adulte, les rameaux sont à
peine anguleux ou presque cylindriques; les feuilles alternes, pétiolées, ordinairement grandes (20 à 25 et quelquefois 30 centimètres de
longueur sur 3 à 5 de largeur), épaisses, coriaces, falciformes, d'une
verdure grisâtre, mais non pruineuses ni aussi odorantes que celles
du premier âge. L'inflorescence est normalement une cyme triflore,
presque sessile, mais souvent elle se réduit à une seule fleur, qui est
relativement très grosse. Le bouton, en forme de toupie, plus ou
moins anguleux ou verruqueux, pruineux et blanchâtre, est couvert
par un large opercule déprimé surmonté d'une protubérance plus ou
moins saillante et obtuse. Les fleurs ouvertes, larges de 2 à 3 centimètres, sont blanches, mais fréquemment elles prennent une teinte
rosée en vieillissant. Le fruit mûr, qui n'est guère plus gros qu'au
moment de la floraison et qui conserve la même forme, est dur et
ligneux. La capsule, très aplatie en dessus, affleure le bord épaissi
du calice et s'ouvre par quatre ou cinq fentes, quelquefois par six,
qui correspondent à autant de loges ovariennes. Une noix moyenne,
qui serait coupée transversalement par le milieu, donnerait, par chacune de ses moitiés, une idée très approchée de la grosseur de ce
fruit. Les graines fertiles sont noires, anguleuses, de forme irrégulière et sans appendices. A leur volume et à leur couleur foncée on
les distingue aisément des fausses graines, beaucoup plus étroites et
de couleur roussâtre.

L'*E. globulus*, l'arbre classique du genre et qui, pour bien des personnes encore, représente le genre tout entier, est une des espèces
dont le développement est le plus rapide. Dans un sol de qualité
moyenne, profond et conservant en toute saison un peu d'humidité,
il atteint aisément 15 à 16 mètres de hauteur en dix ou douze ans.
A vingt-cinq ans, sa taille a presque doublé, et la circonférence du
tronc, à hauteur d'homme, peut dépasser 3 mètres. Certains individus commencent à fleurir à la quatrième ou à la cinquième année;
d'autres ne le font que plusieurs années plus tard. En arrivant à ce
que nous appelons l'âge adulte, soit vers cinq ou six ans, l'*E. globulus*, comme beaucoup d'autres de ses congénères, se dépouille des
couches extérieures de son écorce, qui se détachent en grandes
loques roussâtres ou de couleur cannelle et laissent le tronc parfaitement lisse. Suivant le lieu où il croit, suivant qu'il est isolé ou planté
en massif, l'arbre prend une forme trapue par le développement

exagéré des branches latérales, ou une forme élancée, rectiligne, sans grosses branches, beaucoup plus avantageuse que la première pour la production du bois d'œuvre ; c'est elle d'ailleurs qui est la plus ordinaire, même quand les arbres sont plantés isolément ; néanmoins il y aurait tout avantage à ce qu'ils fussent rapprochés les uns des autres, à des distances suffisantes toutefois, pour se défendre mutuellement contre les vents et pour modérer le développement des branches sans nuire à celui de la tige.

On ne sait pas encore exactement à quel âge correspond la maturité du bois de l'*Eucalyptus globulus*, ou, en d'autres termes, quelle serait l'époque la plus favorable pour l'exploitation d'un massif de cette essence. Il est évident que, coupé trop jeune, le bois incomplètement formé ne peut pas avoir les qualités qui le distingueront plus tard, la dureté, la densité, la longue résistance aux agents de destruction. On a cependant quelques raisons de croire que des arbres arrivés à leur vingtième année fourniraient une exploitation avantageuse. A six ou sept ans, un *E. globulus* bien venu peut donner une solive ou un poteau de télégraphe électrique, mais il faudrait l'injecter de créosote ou de sulfate de cuivre pour en prolonger la durée.

C'est un des premiers Eucalyptus qui aient été introduits en Europe et celui qui est aujourd'hui cultivé sur la plus vaste échelle ; il abonde dans la basse Provence, de Toulon à Menton, en Espagne, en Italie, dans le nord de l'Afrique et jusqu'en Californie, où d'immenses plantations en ont été faites. Il en existe quelques sujets isolés en Roussillon, mais il y souffre du froid au nord de Perpignan, et on a vainement tenté de le naturaliser aux alentours de Narbonne, à Béziers, à Montpellier, à Cette, à Bordeaux, etc. Dans toutes ces localités il succombe à la gelée. En somme, il n'a réussi et ne peut réussir que là où l'oranger passe impunément l'hiver à l'air libre et où le thermomètre centigrade ne descend que rarement à 6 ou 7 degrés au-dessous de zéro.

A tout prendre, l'*E. globulus* est un arbre précieux, et la réputation qu'on lui a faite d'assainir les pays insalubres et d'empêcher le développement des fièvres palustres, si elle a été un peu exagérée, n'est cependant pas tout à fait usurpée. La puissante succion exercée par ses racines dans les terres imbibées d'eau stagnante ne saurait rester sans effet, et on en a eu souvent la preuve en Algérie ; on croit même que les émanations balsamiques qu'il répand dans l'air ont le pouvoir de détruire les miasmes qui naissent des sols marécageux ; ce point toutefois reste à vérifier. Ce qui paraît mieux établi, c'est la propriété antifébrile des infusions de ses feuilles, signalée pour la première fois par un médecin espagnol, le Dr Tristany, et confirmée depuis par beaucoup de médecins français et étrangers, parmi lesquels il suffira de citer les Drs Brunel (de Toulon), Gimbert (de Cannes), Carlotti et Tedeschi (d'Ajaccio), Bertherand et Miergues (d'Alger), Gubler (de Paris), Castan (de Montpellier) et Lorinser, de Vienne en Autriche (1). La pharmacie ne pouvait pas manquer de s'emparer de ce nouveau médicament, qu'elle a exploité sous diverses dénominations. Les vertus curatives de l'Eucalyptus avaient même tellement frappé les esprits, qu'on a préconisé, comme remède aux phtisies commençantes, le séjour dans des bosquets d'Eucalyptus. Quoique l'expérience n'en ait pas été faite, il n'est pas déraisonnable de penser que les émanations de ces arbres exerceraient sur les malades la même influence salutaire que celles des forêts d'arbres résineux. Toujours est-il que les huiles essentielles des Eucalyptus sont éminemment antiseptiques, et qu'elles peuvent être employées dans les hôpitaux aux mêmes usages que l'acide phénique et la créosote. De nouvelles expériences nosocomiales confirmeront peut-être ces premières vues (2).

(1) La première idée de faire servir les Myrtacées d'Australie, et en particulier les Eucalyptus, à l'assainissement des pays marécageux et fiévreux, est due à un riche colon de la Nouvelle-Galles du Sud, sir William Mac-Arthur, de Sydney, qui, dès 1861, exposa ses vues sur ce point dans une lettre adressée à M. Decaisne, alors professeur de culture au Muséum d'histoire naturelle. J'ai publié la traduction de cette lettre dans la *Revue horticole* de la même année, p. 205.

Après M. Mac-Arthur, ou peut-être en même temps, M. Ferd. Müller, directeur du Jardin botanique de Melbourne, conçut les mêmes idées, et, avec une persévérance et un dévouement au-dessus de tout éloge, il distribua en France, en Algérie et ailleurs, d'immenses quantités de graines d'Eucalyptus, soit directement, soit par des intermédiaires plus ou moins intéressés. Parmi ces derniers, nous devons citer M. Ramel, qui a activement secondé M. Ferd. Müller en Algérie. N'oublions pas cependant que, si l'attention a été éveillée sur l'utilité des plantations d'Eucalyptus en Algérie et en Europe, et si elles y ont été possibles, c'est avant tout et presque uniquement à l'illustre et généreux botaniste de Melbourne que nous le devons.

(2) Si la nouvelle théorie microbienne de la phtisie se confirmait, on y trouverait peut-être l'explication des bons résultats qu'on a obtenus quelquefois, dans le traitement de cette cruelle maladie, des produits résineux de nos conifères et de quelques autres arbres. Bien des médecins croient aujourd'hui à la contagion de la phtisie, et d'habiles observateurs micrographes affirment avoir découvert le microbe, de nature végétale (?), qui la produit. Des expériences répétées, faites sur divers animaux, d'après les méthodes inventées par M. Pasteur, semblent ne pas laisser de doute sur la transmissibilité de la maladie par ce micro organisme. Si les diverses préparations de la résine et du goudron ont réellement le pouvoir de le détruire, il n'est pas impossible qu'on trouve

L'*E. globulus* arrive, avec les années, à la taille colossale de 70 à 90 mètres et quelquefois davantage, car les voyageurs qui ont parcouru la Tasmanie en citent de plus de 100 mètres. Cependant, si fortes que soient ses proportions, il est encore dépassé, au dire de M. Ferdinand Müller, par quelques autres espèces, telles que l'*E. viminalis*, l'*E. amygdalina* et l'*E. diversicolor*; mais il a sur eux l'avantage de croître plus rapidement et de mieux s'accommoder de toutes les natures de sol, hormis les terrains salés ou ceux qui renferment une trop forte proportion de chaux. Il aime les terres profondes et il préfère celles qui sont un peu humides aux sols arides et rocailleux; mais là encore, après avoir souffert pendant les premières années, il finit par prendre le dessus et arrive à des proportions considérables. C'est d'ailleurs une des espèces du genre les plus faciles à élever, une de celles dont le premier âge court le moins de risques, et le jeune plant, de quelque manière que le semis ait été fait, prospère également bien en pleine terre et en pots. Cette facilité de l'élevage a certainement contribué à sa multiplication par les horticulteurs marchands et à son adoption par les propriétaires amateurs.

De même que la plupart de ses congénères, l'*E. globulus* est sujet à varier; cependant ses caractères sont assez tranchés pour qu'on ne soit pas exposé à le confondre avec un autre. Sa variété la plus remarquable, parmi celles qui me sont connues, est celle qu'on trouve désignée, dans quelques jardins, sous le nom de *pseudo-globulus*; elle ne diffère du type que par la petitesse relative de ses fleurs et de ses fruits. Ces derniers, arrivés à maturité, n'ont guère que le volume d'une noisette ordinaire; pour tout le reste les deux arbres se ressemblent. Je n'insiste pas sur les petites variations individuelles qui naissent sous l'influence de causes toutes locales, et qui sont surtout sensibles dans la période juvénile; cependant elles sont quelquefois si prononcées, qu'on a quelque peine, au premier abord, à reconnaître l'espèce.

Tous les Eucalyptus contiennent du tannin dans leurs feuilles et dans leurs écorces, mais en proportions très différentes, suivant les espèces. Les écorces, qui se détachent naturellement du tronc et des branches, comme chez les *E. globulus, viminalis, Gunnii*, etc., pourraient être utilisées au tannage des cuirs, et cela avec d'autant plus de raison qu'on n'aurait que la peine de les ramasser à terre sans faire subir de mutilations aux arbres. Il semble donc qu'il y ait encore là une source de profit sur laquelle il n'est pas hors de propos d'appeler l'attention des arboriculteurs.

un jour dans quelque espèce d'Eucalyptus un médicament analogue, doué d'autant ou de plus d'efficacité. Il y a là un intéressant sujet de recherches.

L'*E. globulus* a été découvert en 1792, dans l'île de Van-Diemen, ou Tasmanie, par le voyageur français Labillardière, qui faisait partie de l'expédition envoyée à la recherche de Lapeyrouse. Depuis son introduction en Europe (1), il a fourni matière à un grand nombre de mémoires et de notes insérés dans les journaux d'agriculture et d'horticulture, et surtout dans les bulletins de la Société d'acclimatation. Ces notes feraient un volume, et la liste en serait trop longue pour que je puisse la donner ici; je me contenterai de signaler au lecteur intéressé dans la question les opuscules suivants : *La culture de l'Eucalyptus en Corse*, deux brochures, l'une datée de 1866, l'autre de 1877, par le Dr Regulus Carlotti ; *L'Eucalyptus en Algérie*, par M. Cordier, 1876 ; *Boisements dans le désert et colonisation au moyen de l'Eucalyptus*, 1869 ; *Accroissement et valeur progressive de l'Eucalyptus*, 1871 ; *Rôle de l'Eucalyptus en Algérie*, 1876 ; *Note sur l'Eucalyptus*, 1878, par M. Trottier. On consultera encore avec fruit le *Guide du planteur d'Eucalyptus*, par M. Certeux, membre de la Société d'agriculture d'Alger ; *L'Eucalyptus, son introduction, sa culture, ses propriétés, ses usages*, par M. Raveret-Wattel, brochure qui a eu deux éditions ; *L'Eucalyptus et ses applications industrielles*, 1877, par M. Félix Martin, ingénieur des ponts et chaussées ; *L'Eucalyptus à la colonie des Trois-Fontaines*, près de Rome, par M. E. Meaume. Parmi les mémoires écrits à l'étranger, je me bornerai à citer les deux plus importants : *L'Eucalyptus e Roma* et *La malaria in Italia*, de M. le sénateur Torelli, un des plus ardents promoteurs de la culture des Eucalyptus dans les régions désolées par la fièvre en Italie.

(1) On n'est pas exactement fixé sur la date de l'introduction de l'*Eucalyptus globulus* dans les jardins de l'Europe ; on sait seulement qu'en 1829 il était cultivé au jardin botanique de Naples, dont le directeur, le baron Vincenzo Cesati, en avait reçu les graines du botaniste Denhardt. Il y portait le nom d'*E. gigantea*, ce qui peut faire supposer qu'il y avait déjà atteint une taille considérable. Vers la même époque (en 1828), De Candolle décrivait, dans le tome III du *Prodrome*, p. 221, un *E. glauca* observé par lui dans le jardin du célèbre horticulteur parisien Noisette, et qui n'était, selon toute vraisemblance, que la forme juvénile de l'*E. globulus*. On en peut dire autant de l'*E. perfoliata*, cité dans le *Nomenclator botanicus* de Steudel, et d'un autre *E. perfoliata* décrit par Link dans l'*Enumeratio Horti Berolinensis*, t. III, p. 31. A cette époque personne ne soupçonnait encore l'importance que cet arbre devait avoir dans la culture industrielle ; c'est seulement en 1852 que M. F. Müller, parcourant les forêts d'Eucalyptus de la colonie de Victoria, reconnut la valeur de l'arbre et eut la première idée de le faire servir aux reboisements dans le midi de l'Europe. A partir de ce moment commencèrent les envois de graines de ce grand propagateur des Eucalyptus.

Ce qui nous intéresse le plus directement aujourd'hui dans la culture des Eucalyptus, c'est la production rapide du bois, et, sous ce rapport, l'*E. globulus* se place dans les premiers rangs (1). Son bois est compact, lourd, très fort et de longue durée quand il est arrivé à maturité ; ses fibres, entrelacées et plus ou moins spiralées, le rendent impropre à la fente, mais elles lui donnent une grande résistance qui en fait un bois précieux pour tous les emplois de grande charpente, les constructions navales, le charronnage, etc. On a prétendu que, par suite de la disposition de ses fibres, il se prêtait mal aux ouvrages de menuiserie et d'ébénisterie ; mais un industriel de Choisy-le-Roi, M. Bouchereau, qui le premier en France en a fait l'essai, a démontré que ce reproche était sans fondement et qu'il suffisait de quelques précautions très simples pour rendre ce bois aussi facile à travailler que tout autre (2). A ces qualités ajoutons

(1) Quelques autres espèces croissent presque aussi vite, peut-être même plus vite que le *globulus*. Nous en possédons une, à la villa Thuret, qui, à sa quatrième année, atteint déjà une dizaine de mètres de hauteur sur plus de 0^m,30 de circonférence à quelques centimètres au-dessus du sol, dépassant très notablement en taille et en grosseur les *E. globulus* de même âge. Ce bel arbre est resté complètement indemne pendant les froids peu ordinaires de l'hiver dernier, qui ont maltraité plusieurs autres espèces d'Eucalyptus. Malheureusement, comme il n'a pas encore fleuri, il m'est impossible actuellement d'en désigner l'espèce.

(2) Voici ce que dit M. Bouchereau dans une lettre adressée à M. le secrétaire général de la Société d'acclimatation : « L'Eucalyptus est un arbre un peu tortillard, mais il n'est pas le seul qui ait ce défaut ; le Poirier, entre autres, pousse presque toujours en spirale, ce qui ne l'empêche pas d'être employé dans la confection des meubles les plus riches.

» Le Noyer et l'Acajou ont les fibres en contre-sens, comme l'Eucalyptus, et c'est ce qui en fait la valeur.

» Le Sapin, un des bois les plus tendres, a aussi tellement de contre-sens, qu'il est presque impossible de raboter une planche de deux mètres sans changer le fil trois ou quatre fois, et les nœuds sont si durs, que bien des fois ils ont blessé et aveuglé les ouvriers qui les travaillaient.

» Presque tous les bois ont leurs défauts, et il est toujours facile d'y remédier.

» L'Eucalyptus pousse très vite ; pendant cette croissance si prompte il fait une consommation d'eau énorme. Il est donc très compréhensible que, si l'on abat ces arbres en pleine sécheresse et qu'on les laisse exposés au vent et au soleil, complètement privés de leur nourriture essentielle, ils se détérioreront bien plus vite que les autres, car tout le monde sait que la végétation ne s'arrêtera pas immédiatement parce qu'ils sont séparés des racines, et que bien des fois des arbres ont donné des feuilles cinq ou six mois après leur abatage.

» Mais si, au lieu d'abattre les arbres en été, on le fait en hiver, vers Noël par exemple, comme on doit le faire ordinairement quand la végétation est

celle d'être un excellent combustible et, comme nous l'avons vu
plus haut, la production du combustible est presque aussi importante
aujourd'hui que celle du bois d'œuvre.

††. — *Fruits petits (à peu près de la grosseur d'un pois).*

6. EUCALYPTUS VIMINALIS.

Labillardière, *Plant. Nov. Holl.*, II, tab. 151 (ex Benthamio); DC. *Prodr.*, III,
p. 218; Benth., *Flor. Austr.*, III, p. 239 *partim*; F. Müll., *Fragm.*, II, p. 64,
partim, et in *Select Plants*, 131. — *E. pendula* Hort. — Vulgo *White gum
tree* et *Manna gum tree*.

E. arborea, excelsa; cortice vetustiore in pannos delabente;
foliis anguste lanceolatis, rectis aut subfalcatis, pendulis;
cymis axillaribus, breviter pedunculatis, erectis, trifloris; floribus singulis subsessilibus, operculo apiculato; fructibus
lævibus, pyriformi-truncatis, crassitudine pisi minoris; capsula
tubum calycinum nonnihil superante, 3-4-loculari.

Arbre biforme et très variable à tous les âges. A l'état juvénile ses
rameaux sont grêles, subcylindriques, souvent teints de rouge ainsi
que la nervure des feuilles, qui sont opposées, décussées, sessiles,
quelquefois embrassantes par leur base, ovales-oblongues, souvent
allongées et presque linéaires, longues de 5 à 8 centimètres sur 6 à
12 millimètres de large, tantôt aiguës, tantôt obtuses, vertes ou glau-

complètement arrêtée, et qu'aussitôt on les ouvre par le cœur de manière à les
tuer plus vite et à empêcher tout retour de la sève, et qu'après cette opération
les morceaux soient mis dans un endroit humide ou encore dans une mare
d'eau, on peut être assuré que le bois en sera bien sain, non crevassé, facile à
travailler, et aura conservé toute sa partie résistante.

» J'ai chez moi, à Choisy, des Eucalyptus venant du jardin de la Société d'acclimatation d'Hyères. Ces arbres, traités par le moyen sus-indiqué, m'ont
donné de très bons résultats, et quelques-uns ont déjà servi à faire des
meubles qui, fabriqués depuis plus d'un an, n'ont aucunement travaillé. Ils ont
pourtant été faits avec du bois dont le semis datait seulement de 1869. Quelques-uns avaient près de 50 centimètres de diamètre, et faisaient deux stères de
bois en grume. A cet âge (onze ans) les autres arbres servent à peine à faire
des tuteurs.

» C'est pourquoi, connaissant ses qualités, je ne pouvais pas laisser sous le
poids d'une accusation qu'il ne mérite pas un bois qui peut rendre tant de services et duquel on peut tirer un si grand parti. » (Extrait du *Bulletin de la
Société d'acclimatation*, numéro de février 1882, p. 116.)

cescentes, et quelquefois rougeâtres suivant les individus. Les cotylédons présentent un caractère qui n'est pas commun dans le genre : c'est d'être profondément bifides ou même bipartis, à lobes étroits ou divergents ; cependant on trouve dans les semis des individus où ce caractère est presque effacé, et dont les cotylédons sont simplement échancrés. Peut-être y a-t-il eu, dans ce cas, mélange de graines d'espèces différentes.

L'arbre paraît moins variable à l'âge adulte qu'à l'état jeune, quoiqu'il varie encore notablement. Ses feuilles sont alors alternes, un peu courtement pétiolées, étroitement lancéolées, fermes, pendantes, peu ou point courbées en faux, un peu luisantes, d'une verdure pâle, tirant même quelquefois légèrement sur le jaune. Il n'est pas rare de voir reparaître çà et là, sur le tronc et les branches, des rameaux qui reprennent la forme juvénile, c'est-à-dire à feuilles plus ou moins opposées et sessiles, et qui néanmoins fleurissent comme ceux de la forme adulte (1).

Le caractère le plus distinctif de l'*E. viminalis* est son inflorescence, qui, dans l'immense majorité des cas, est une ombelle ou plutôt une petite cyme 3-flore, portée sur un court pédoncule, au sommet duquel les fleurs sont presque sessiles. Au moment de s'ouvrir, les boutons sont ovoïdes, de la grosseur d'un petit pois, lisses, à opercule conique, de même longueur à peu près que le tube calicinal. Les fleurs (filets staminaux) sont blanches et odorantes. Le fruit, à peine plus gros qu'il ne l'était au moment de la floraison, est turbiné ou obovoïde, et la capsule, tantôt presque incluse, tantôt saillante au-dessus du tube calicinal, s'ouvre par trois ou quatre fentes qui correspondent à autant de loges de l'ovaire.

L'*E. viminalis* est une des espèces qui ont le plus embarrassé les botanistes, et on ne peut pas encore en déterminer exactement les

---

(1) Ce phénomène de régression est tout à fait analogue à celui qu'on observe sur quelques espèces d'Acacias australiens, l'*A. melanoxylon* par exemple, où l'on voit fréquemment les phyllodes caractéristiques de l'âge adulte remplacés par des feuilles composées, toutes semblables à celles qui ont immédiatement succédé aux cotylédons. On peut supposer que des feuilles composées sont l'état normal des Acacias, et que la forme phyllodaire n'est venue qu'après coup, en vue d'une adaptation spéciale au climat australien. Si l'on appliquait cette hypothèse aux Eucalyptus, on pourrait dire que les feuilles opposées et plus ou moins sessiles du premier âge sont l'état normal de la végétation de ces arbres, et que les longues feuilles coriaces de l'âge adulte, si semblables souvent à des phyllodes, sont un expédient auquel la nature a recours pour faire face à des nécessités locales. Il y a d'ailleurs quelques espèces d'Eucalyptus qui, ainsi que nous l'avons dit plus haut, conservent indéfiniment les feuilles opposées et quelquefois connées du premier âge.

limites (1). Il me paraît cependant qu'on a dans les cymes triflores, toujours dressées et courtement pédonculées, un repère assez certain, bien que, dans des cas assez rares, on y trouve une ou deux fleurs de plus. Il y a, comme nous l'avons vu ci-dessus, d'autres Eucalyptus dont les inflorescences sont également composées de trois fleurs, mais ils ont des caractères qui les font aisément distinguer de celui-ci. Dans tous les cas on ne pourra pas le confondre avec les espèces à ombelles septiflores, quoique quelques-unes (*E. Gunnii, E. goniocalyx* etc.) lui ressemblent par la taille et le port.

Il existe dans quelques jardins, sous le nom d'*E. pendula*, une variété du *viminalis* qui ne me paraît différer par rien d'essentiel du type de l'espèce. L'*E. pendula* de Cunningham rentre, d'après M. Bentham, dans l'espèce de l'*E. bicolor*, avec lequel le *viminalis* ne sera jamais confondu. Ce nom doit donc disparaître de la nomenclature.

L'*E. viminalis* est un arbre de la plus grande taille (jusqu'à 100 mètres et plus), mais qui s'arrête aussi aux proportions d'un arbre moyen, ce qui tient aux diversités du sol (2). De même que l'*E. globulus*, il se dépouille des couches extérieures de son écorce, qui, de loin en loin, tombe en grandes loques, laissant le tronc lisse, presque

(1) On se fera une idée de la confusion qui a régné et règne encore en partie au sujet de cette espèce par la synonymie suivante : M. Bentham la confond avec l'*E. diversifolia* de Bonpland (*Malmaison*, p. 35, pl. XIII), qui est une des espèces les mieux caractérisées; il lui rattache l'*E. elata* de Denhardt (Walp., *Repert.*, II, p. 163), rapprochement bien douteux; l'*E. mannifera* de Cunningham (Walp., *l. c.*), dont il est dit que les feuilles sont verticillées; l'*E. persicifolia* de Loddiges (*Bot. cab.*, VI, n° 501), que, malgré l'insuffisance de la figure et de la description, je crois pouvoir rapprocher de l'*E. melliodora* plus que de tout autre. Ce serait aussi, toujours d'après M. Bentham, l'*E. granularis* de Sieber, l'*E. pilularis* de De Candolle (non celui de Smith), l'*E. patentiflora* de F. Müller (*Fragm.*, II, p. 64), l'*E. fabrorum* de Schlechtendal (*Linnæa*, XX, p. 656), enfin l'*E. Gunnii* de Miquel (*Ned. Kruidk. Arch.*, IV, p. 126). J'ajoute à cela que l'*E. viminalis* se trouve dans quelques jardins sous le nom d'*amygdalina*. Cette synonymie compliquée n'a pas lieu de surprendre quand on sait combien sont grandes les variations de certains *Eucalyptus*, et qu'on se rappelle que les auteurs de ces descriptions n'ont vu pour la plupart que des fragments de plantes sèches, absolument insuffisants pour caractériser leurs espèces.

(2) Plusieurs exemplaires de la collection de la villa Thuret, âgés aujourd'hui de vingt ans, ont de 20 à 25 mètres de hauteur sur 1^m,50 à 2 mètres de circonférence à hauteur d'homme. Je fais remarquer que ces arbres, plantés dans un bois de chênes très touffu, n'ont certainement pas pris tout le développement qu'ils auraient eu dans de meilleures conditions.

blanc, puis légèrement roussâtre. Ses derniers rameaux sont menus et pendants, ainsi que le feuillage, dont la teinte est d'une verdure plus claire que celle du *globulus*. Son bois, quoique inférieur à celui de plusieurs autres Eucalyptus, est néanmoins fort employé dans les constructions rurales, l'outillage agricole, le chauffage, etc. L'espèce est répandue sur une vaste étendue de pays, dans la Nouvelle-Galles du Sud, la colonie de Victoria et surtout en Tasmanie, où elle abonde, d'après Robert Brown et sir Joseph Hooker, jusqu'à plus de 1000 mètres d'altitude, ce qui explique sa rusticité relative. C'est ainsi que, dans la Haute-Italie, on l'a vu rester indemne dans des hivers où le thermomètre centigrade descendait momentanément à 9 ou 10 degrés au-dessous de zéro. Un cas plus remarquable de sa rusticité est rapporté par le *Gardener's Chronicle* (1876, n° de mars, p. 368), c'est celui d'un arbre situé dans le comté d'East-Lothian, à quelques lieues d'Édimbourg, sous le 56° degré de latitude, qui, après avoir passé vingt-sept hivers sans souffrir sensiblement, fut fort maltraité en 1861 par une gelée tardive. Rabattu à 3 mètres du sol, il repoussa plusieurs branches, dont les deux principales avaient atteint, en 1876, de 15 à 16 mètres de longueur. La souche, à quelques centimètres du sol, avait alors plus de 2 mètres de tour. Il est visible par là que l'*E. viminalis* est du petit nombre des espèces du genre dont la culture pourra être tentée, avec quelque chance de succès, dans les parties les plus tempérées de l'ouest de la France, les landes de Bordeaux, la Bretagne et la presqu'île du Cotentin.

c. — Fleurs et ombelles axillaires ordinairement 3-flores; quelquefois 5-9-flores, longuement pédonculées, et nutantes.

7. EUCALYPTUS LONGIFOLIA

Link, *Enum. Plant. Berol.*, II, p. 29 (1822); Link et Otto, *Icones Hort. bot. Berol.*, tab. 45 (ex Müllero); DC., *Prod.*, III, p. 216; Bentham, *Flor. Austr.*, III, p. 227; F. Müll., *Eucalyptogr.*, II, n° 4. — *E. Woolsii* F. Müll., *Fragm.*, II, p. 50. — Non *E. longifolia* Bot. Reg., tab. 947. — Vulgo *Woolly Butt.*

E. arborea; cortice persistente; foliis alternis, anguste lanceolatis, acutis, magis minusve falcatis coriaceisque; umbellis axillaribus, sæpius 3-floris, nonnunquam 5-7-floris, raro 9-floris, pro genere longe et graciliter pedunculatis, nutantibus aut cernuis; floribus majusculis, longiuscule pedicellatis; calycis tubo turbinato, obtuse angulato; operculo conico et acuto, tubum longitudine ut plurimum superante; fructibus pyri-

formi-truncatis, sæpe costulatis; capsula inclusa, 3-4-5-
loculari.

Cet arbre, le *Woolly Butt* des colons australiens, et qu'on peut ranger dans le groupe des *uniformes* (les six ou huit premières feuilles
seules étant opposées et sessiles ou subsessiles), est déjà assez commun dans les cultures de la Provence et de l'Algérie, où j'en ai vu
des sujets, âgés de huit à dix ans, hauts de 14 à 15 mètres, fleurissant et produisant des graines. Il existe aussi en Italie, dans la collection du baron Ricasoli, à Florence. A cet âge l'écorce est lisse,
d'une teinte grisâtre uniforme, ce qui permet de le distinguer au premier coup d'œil de l'*E. leucoxylon*, avec lequel il serait facile de le
confondre si l'on ne considérait que le feuillage et le port. Les
feuilles, étroitement lancéolées et plus ou moins courbées en faux,
varient en longueur de 10 à 20 centimètres sur 1 à 2 en largeur. Leurs
nervures latérales, fines et peu visibles, sont fort rapprochées et très
divergentes d'avec la nervure médiane. Les inflorescences et les fruits
sont surtout caractéristiques, quoique ayant une certaine ressemblance avec ceux du *leucoxylon*. Les ombelles, habituellement
3-flores, assez souvent aussi 5-flores et plus rarement 7-9-flores, sont
portées par des pédoncules grêles, ordinairement plus longs que le
pétiole de la feuille adjacente et qui se courbent sous le poids des
fleurs, elles-mêmes un peu longuement pédicellées; au moment de
s'ouvrir elles ont près de 2 centimètres de longueur, y compris l'opercule, qui est presque deux fois aussi long que le tube du calice ; ce
tube est en forme de cône renversé, assez souvent un peu anguleux
ou même relevé de deux ou trois côtes, qui deviendront plus saillantes sur le fruit.

Ce dernier, arrivé à maturité, est très caractéristique de l'espèce;
il est de la grosseur d'une noisette moyenne, plus ou moins suivant
les individus, pyriforme-tronqué, ordinairement de couleur cannelle,
avec cette particularité très notable qu'au pourtour du tube calicinal,
qui est très épais, la chute de l'opercule a laissé une empreinte, ou
cicatrice annulaire, taillée obliquement de bas en haut. Ce caractère,
facile à saisir, suffirait presque à lui seul pour faire reconnaître
l'espèce.

L'arbre, d'après le baron Ferdinand Müller, peut s'élever à
50 mètres dans les meilleurs terrains, à 20 ou 25 dans les terres mé-
diocres. Son bois, recherché comme combustible, est moins estimé
pour les travaux de charpente ou de menuiserie, quoiqu'il soit d'un
emploi presque général dans les localités où il est indigène.

d. — Ombelles axillaires, normalement septiflores.

1. Opercule plus long que le tube du calice ; étamines droites dans le bouton.

8. EUCALYPTUS OCCIDENTALIS.

Endlich. in *Hueg. Enum.*, p. 49 ; Bentham, *Flor. Austr.*, III, 235 ; F. Müll., Fragm., II, p. 39, et *Eucalyptogr.*, VI, n° 5.

E. arborea ; cortice superne in pannos solubili, inferius duro, rugoso et ut videtur persistente ; foliis in prima ætate alternis ovato-acutis rigidis glaucescentibus, in arbore adulta et florifera lanceolatis acutis sæpe subfalcatis ; umbellis axillalaribus septifloris, pedunculo longiusculo nonnihil applanato, nutantibus aut aliquando erectis ; operculo tubum calycinum campanulatum duplo triplove longitudine superante, obtuso aut subacuto ; staminibus in alabastro rectis, in flore aperto spurco-albis aut pallide lutescentibus ; umbellis fructiferis cernuis ; capsula inclusa, 3-4-5- loculari.

Uniforme, c'est-à-dire à feuilles toujours alternes et pétiolées ; celles du premier âge ordinairement ovales ou ovales-aiguës, glauques ou glaucescentes, tendant à placer leur limbe dans un plan vertical ; celles de l'âge adulte plus étroites, lancéolées, aiguës, souvent un peu falciformes, raides, coriaces, variant en longueur de 3 à 10 centimètres sur une largeur de 6 à 15 millimètres ou plus. La floraison est généralement précoce dans cette espèce, arrivant à la troisième et quelquefois à la deuxième année, quand les arbres n'ont que 1 mètre à 1^m,50 de hauteur. Les ombelles, normalement 7-flores, sont portées par un pédoncule un peu grêle, plus ou moins aplati à sa partie supérieure, ordinairement plus long que le pétiole de la feuille adjacente et se courbant le plus souvent sous le poids de l'ombelle qui, par là, devient nutante. Les fleurs sont courtement pédicellées et se font remarquer, avant la floraison, par la longueur de leur opercule plus ou moins cylindro-conique, aigu ou obtus, et par leurs étamines relativement peu nombreuses ; leur couleur est le blanc verdâtre tirant quelquefois sur le jaune pâle. L'ombelle fructifère est plus souvent nutante que dressée, et les fruits, à peu près de la grosseur d'un pois, sont campanulés oblongs ; la capsule est incluse, mais ses valves, au moment de sa déhiscence, arrivent au niveau du contour calicinal.

De même que la plupart de ses congénères, l'*E. occidentalis* est variable dans plus d'un sens; cependant, si l'on s'en tient aux caractères ci-dessus indiqués, on le reconnaîtra, je crois, assez facilement. En Australie, au dire du baron Ferdinand Müller, il devient quelquefois un grand arbre; plus souvent il s'arrête à la taille d'un arbre de troisième grandeur (12 à 15 mètres), ce qui tient à la nature plus ou moins favorable du terrain. Arrivé à l'âge où l'on peut le considérer comme adulte, il perd son écorce extérieure par petits feuillets, à commencer par le tronc qui, une fois dépouillé, reste couvert d'une écorce dure, crevassée, d'un gris terreux plus ou moins foncé. L'arbre est déjà assez commun en Provence et davantage aux environs d'Alger, mais presque toujours d'un port disgracieux par suite des déviations de la tige et des branches; assez souvent son pied se renfle, au niveau du sol, en une sorte de loupe, ce qui se voit aussi dans quelques autres espèces. Son abondante floraison, qui arrive d'ailleurs très irrégulièrement, est le seul mérite décoratif que je lui reconnaisse, et comme sa croissance n'est pas particulièrement rapide, il ne me paraît pas qu'il puisse être utile autrement que comme bois à brûler ou comme arbre à fournir des fleurs aux abeilles.

9. EUCALYPTUS OBCORDATA.

Turczan., in *Bull. Acad. Saint-Petersb.*, 1852; F. Müll., *Eucalyptogr.*, VII, n° 6. — *E. platypus* Hook., *Icon. Plant.*, 1852; Benth., *Flor. Austr.*, III, p. 234. — *E. nutans* F. Müll., Fragm., III, p. 152.

E. arbuscula aut frutex magnus; foliis (pro genere parvis) alternis, petiolatis, ovato-ellipticis ovatove-lanceolatis, coriaceis, rigidis, margine haud raro obsolete crenulatis; umbellis axillaribus 7-floris, primo erectis, mox cernuis; pedunculo communi petiolum fere duplo excedente, applanato-dilatato et quasi utrinque alato; floribus subsessilibus, tubo calycino sæpius 4-angulato, operculo cylindraceo-conico, quam tubus ut plurimum longiore et multo angustiore; staminibus in alabastro rectis; fructu maturo obovoideo-truncato, magis minusve bi-quadri-costato, pisum crassitudine æquante aut superante; capsula inclusa, 4-5-loculari.

Quoique je n'aie pas vu l'état juvénile de cette espèce, je ne doute pas qu'elle ne soit uniforme comme l'*E. occidentalis*, avec lequel elle a de visibles analogies. C'est un simple arbrisseau, ou, si l'on veut, un grand buisson, que j'ai trouvé fleurissant dans la collection

de M. Cordier, et moins avancé dans d'autres jardins. Comme espèce,
l'*E. obcordata* (auquel le nom de *platypus* plus généralement adopté
aurait mieux convenu) est suffisamment caractérisé par son inflorescence et la structure de ses fleurs et de ses fruits. Le pédoncule
commun de l'ombelle est aplati dans toute sa longueur, presque
lamelliforme, tranchant sur les bords, large de 5 à 8 millimètres et
recourbé en bas, comme s'il fléchissait sous le poids des fleurs et
surtout des fruits. L'opercule, sensiblement plus long que le tube
du calice, est beaucoup plus étroit que lui, s'élargissant seulement à la base pour se souder avec le bord de ce tube. Les fruits, de
forme obovoïde-tronquée, et présentant assez ordinairement d'une à
quatre petites côtes saillantes qui étaient déjà reconnaissables sur les
boutons, ont à peu près le volume d'un gros pois ou d'une petite noisette. La capsule, à quatre ou cinq loges, y est incluse, mais elle
arrive presque au niveau du tube calicinal épaissi, que la pointe rele-
vée de ses valves dépasse même un peu. Un autre caractère assez
rappant de l'espèce est que ses feuilles, dont la figure est d'ailleurs
assez variable, sont faiblement mais visiblement crénelées sur leur
contour, ce qui est une exception dans le genre. Leur longueur varie
de 2 à 6 centimètres sur 1 à 3 de largeur, et on les trouve indifféremment aiguës ou obtuses, et quelquefois rétuses, c'est-à-dire échancrées au sommet.

Par sa petite taille, et surtout par ses fleurs rouge brun, roses
ou blanchâtres, l'*E. obcordata* mérite une place dans les massifs d'arbustes de nos jardins d'agrément. Ses feuilles épaisses sont riches
en huile essentielle, et il y aura peut-être quelque parti à en tirer. Il
a été décrit simultanément par Hooker sous le nom de *platypus*, qui
fait allusion à l'élargissement du pédoncule de l'ombelle, et par Turczaninow sous celui d'*obcordata*, que M. Ferdinand Müller préfère
conserver pour éviter la confusion de cette espèce avec une autre
décrite antérieurement par Cavanilles sous le nom de *platypodos*.

2. Opercule plus court ou à peu près de même longueur que le tube du
calice. — Étamines infléchies dans le bouton.

10. EUCALYPTUS GRACILIS.

F. Müller, in *Trans. Vict. Inst.*, I, p. 35; *Eucalyptogr.*, III, n° 3; *Fragmenta*,
II, p. 55 et 57 sub nomine *E. ericetorum* partim.; Benth., *Flor. Austr.*, III,
p. 211.

E. arbuscula aut frutex magnus, undique glaucescens; cortice ruguloso, cinerescente; foliis (pro genere haud magnis)

nunc ellipticis obtusisque, nunc ovato-lanceolatis lanceolatisve et tunc utrinque acutis; umbellis axillaribus 7-floris,
graciliter pedunculatis; floribus parvis pedicellatis, alabastro
clavato, operculo brevi obtuso aut modice apiculato; fructibus subglobosis vel pyriformi-truncatis, capsula inclusa, ut
plurimum 5-loculari.

Uniforme, c'est-à-dire à feuilles toujours alternes et pétiolées, ne
différant pas sensiblement dans la jeunesse de l'arbre de ce qu'elles
seront à un âge plus avancé, variables d'ailleurs pour la figure et les
dimensions suivant les individus, c'est-à-dire tantôt largement elliptiques et obtuses, tantôt plus ou moins lancéolées et aiguës, quelquefois même un peu courbées en faux, toujours glauques ou glaucescentes. Leur longueur varie de 3 à 10 centimètres et leur largeur
de 1 à 3.

L'*E. gracilis* est tantôt un sous-arbrisseau de 3 à 4 mètres, plus ou
moins ramifié dès le bas de la tige et prenant la forme d'un buisson,
tantôt un petit arbre de forme pyramidale, haut de 6 à 8 mètres, à
écorce grisâtre, un peu ridée, à rameaux menus et plus ou moins
pendants. Les ombelles, normalement septiflores, mais assez souvent
réduites à un moindre nombre de fleurs par avortement ou appauvrissement, sont portées sur des pédoncules grêles, ordinairement
plus courts que le pétiole de la feuille voisine; les fleurs elles-
mêmes sont pédicellées. Le bouton, au moment où il va s'ouvrir,
est à peu près de la grosseur d'une graine de chanvre, et son opercule, ordinairement un peu plus court que le tube du calice, est
conique-surbaissé ou hémisphérique plus ou moins apiculé. Le fruit,
pyriforme-tronqué, est à peine du volume d'un petit pois, et la
capsule y est profondément incluse.

Ce petit Eucalyptus est aujourd'hui assez commun dans nos jardins
de Provence, où il n'est et ne saurait être qu'un arbrisseau d'ornement; mais, à ce titre, il se recommande par la grâce de son port et
la teinte glauque très douce de son feuillage, non moins que par les
guirlandes de fleurs blanches qui terminent ses rameaux.

11. EUCALYPTUS MELLIODORA.

Allan Cunningh., *Herb.*; Schauer, in *Walp. Repert.*, II, p. 924; Benth., *Flor.
  Austr.*, III, p. 210; F. Müller, *Eucalyptogr.*, II, n° 5. — Vulgo *Yellow box
  tree* Anglorum; *Dargan* Autochtonum.

E. arborea, sed mediocris altitudinis; trunco nonnunquam
irregulari aut varie tortuoso; cortice vetustiore in laminas

fibroso-reticulatas abeunte ; ramis extremis gracilibus penden-
tibusque, abunde floriferis ; umbellis axillaribus, 7-floris,
graciliter pedunculatis ; floribus ipsis pedicellatis, alabastris
ovoideis, operculo conico-hemisphærico, stigmate peltato ;
fructibus pyriformi- truncatis ; capsula inclusa, 4-5-loculari.

Espèce uniforme ou presque uniforme, en ce sens que les feuilles
du premier âge sont alternes et pétiolées, mais elles diffèrent de celles
de l'âge adulte par leur forme elliptique ou même obovale et par leur
glaucescence beaucoup plus prononcée. A ne considérer que les caractères fournis par l'inflorescence et les fruits, elle est très voisine de
l'*E. gracilis ;* elle en diffère par des proportions beaucoup plus fortes,
par la manière dont le tronc se dépouille de sa vieille écorce, et par
son feuillage plus allongé, plus franchement lancéolé et beaucoup
moins glauque que celui de l'*E. gracilis.*

L'*E. melliodora* n'est encore dans nos jardins qu'un arbre de
10 à 12 mètres, et fleurissant dès sa quatrième ou sa cinquième
année. Il ne paraît pas devoir s'élever beaucoup plus ; cependant, au
dire de quelques voyageurs, il arriverait exceptionnellement, en
Australie, à la taille de 60 à 70 mètres ; mais il reste à savoir s'ils ne
se sont pas mépris sur l'espèce. Ses branches plus ou moins divari-
quées, quelquefois tortues, ce qui peut tenir aux conditions particulières où il se trouve, lui font un port assez irrégulier ; mais, au total,
par ses longs rameaux grêles et pendants et par ses feuilles étroitement lancéolées et également pendantes, il rappelle assez bien le port
et l'aspect d'un saule pleureur, abstraction faite de ses fleurs blanches
et de la teinte vert pâle ou un peu grisâtre de son feuillage.

Le tronc, dépouillé de sa vieille écorce, qui se détache en plaques
ou en loques, dont les fibres entrecroisées forment une sorte de
réseau, est lisse et presque blanc. Une particularité, que l'on observe
d'ailleurs chez quelques autres Eucalyptus, est la rupture transver-
sale des couches extérieures de l'écorce sur les troncs un peu âgés.
Ces ruptures, plus ou moins répétées sur le même arbre, occupent
d'un tiers à la moitié de la circonférence du tronc, et elles sont quelquefois si nettement prononcées qu'on serait tenté, au premier
abord, de les attribuer à des entailles faites avec un instrument tranchant. Il est à remarquer que quand ces ruptures sont larges et profondes l'arbre s'infléchit d'une manière très sensible dans le sens
opposé, mais plus particulièrement lorsqu'il croît à la lisière des
massifs, et alors il incline du côté de la plus grande lumière. Il
semble même assez probable que cette inclinaison, provoquée par

un agent physique extérieur, est la cause déterminante de ces ruptures de l'écorce.

A part son analogie avec l'*E. gracilis*, l'*E. melliodora* est assez bien
caractérisé pour qu'on ne le confonde avec aucune des autres espèces
ici décrites. S'il ressemble un peu par son feuillage et ses rameaux pendants à l'*E. viminalis* et à l'*E. rostrata*, on l'en distinguera aisément
à ses ombelles septiflores. Sa distinction d'avec les *E. Gunnii*, *goniocalyx* et *coccifera*, également septiflores, sera peut-être plus difficile,
mais outre que ces trois espèces en sont fort différentes à l'état juvénile, je ferai remarquer que nous aurons dans le feuillage et le port
de ces trois arbres, à l'état adulte, des repères suffisants pour les
distinguer de l'espèce qui nous occupe.

L'*E. melliodora*, qui est le *Yellow box* (buis jaune) des colons
australiens, est répandu sur une grande étendue de pays à la Nouvelle-Hollande. Son bois dur, qu'il est presque impossible de fendre
à cause de l'entrelacement de ses fibres, et qui n'atteint pas communément de grandes dimensions, n'est guère utilisé que dans le charronnage ou la confection d'ustensiles agricoles. Quoique difficile à
travailler, la menuiserie en tire quelque parti, à cause de la finesse de
son grain et de sa belle teinte jaune claire, qui rappelle celle du buis.
Il est surtout excellent comme combustible. Très rustique en Provence, cet arbre y remplira surtout un rôle décoratif dans les parcs
et les jardins, où son abondante floraison pourra en même temps
servir à la nourriture des abeilles.

12. EUCALYPTUS GUNNII.

Hooker, in *Lond. Journ. of Bot.*, III, p. 499, et *Flor. Tasm.*, I, p. 34, tab. 27;
  Ferd. Müll., *Fragm*, II, p. 62 et *Eucalyptogr.*, IV, n° 5; *Select plants*,
  p. 120; Benth., *Flor. Austr.*, III, p. 246. — Vulgo *Swamp gum tree* et
  Cider Eucalypt, in Tasmania.

E. arborea, nunc excelsa, nunc mediocris altitudinis (for-
tassis et aliquando fruticosa); cortice in pannos longos secedente; foliis lanceolatis ovatove-lanceolatis, utrinque acutis,
rectis aut vix apice falcatis, lucidis, pendulis; umbellis axillaribus, 7-floris, pedunculatis; floribus pedicellatis, tubo calycino turbinato, alabastris obovoideis aut claviformibus, operculo breviusculo apiculato; fructibus turbinatis pyriformibusve;
capsula oram calycinam fere attingente, 3-4-loculari.

Espèce, paraît-il, très variable et sur les limites de laquelle les
divers auteurs qui en ont parlé ne sont pas entièrement d'accord.

Tantôt c'est un arbre de 70 à 80 mètres, tantôt un arbre de 10 à 12 mètres, quelquefois même un simple arbrisseau. Des variations presque aussi accusées se font voir dans le port de l'arbre et la grandeur des feuilles, comme aussi dans la figure qu'il présente à l'état juvénile. Jusqu'à plus ample informé, je pense qu'il sera bon de s'en tenir aux caractères donnés dans la diagnose ci-dessus, et à ceux que je vais y ajouter d'après les exemplaires assez nombreux que j'ai pu observer en Provence et en Algérie.

C'est un arbre à ranger parmi les biformes, mais l'état juvénile n'a pas la même durée chez tous les individus. Dans le principe les feuilles sont opposées et sessiles, ovales ou courtement lancéolées dans quelques-uns, elliptiques ou obtuses dans d'autres, glauques ou sans glaucescence, tantôt plus grandes, tantôt plus petites. Dans cette première période de la vie on peut facilement le confondre avec d'autres espèces également biformes.

A l'âge adulte les variations paraissent moins grandes, et l'arbre se reconnaît souvent à son feuillage ordinairement vert et luisant, indépendamment des caractères plus certains fournis par l'inflorescence et les fleurs. Il existe dans beaucoup de jardins de Provence, à Antibes, Hyères, Toulon, Saint-Mandrier, ainsi que dans la collection de M. Cordier, à Alger. Partout c'est déjà un arbre de 12 à 18 mètres, suivant l'âge, et dont l'écorce extérieure, très semblable à celle de l'*E. globulus*, se détache comme elle en longues plaques, laissant le tronc lisse et blanc ou blanchâtre. Suivant que l'arbre est isolé ou fait partie d'un massif, il se ramifie de bonne heure et s'élargit, ou file droit sans grosses branches jusqu'à une certaine hauteur, ce qui d'ailleurs s'observe dans la plupart des espèces du genre.

Les feuilles, quoique variant beaucoup de grandeur, fournissent ordinairement de bons caractères distinctifs. Elles sont franchement lancéolées, plus larges ou plus étroites, généralement aiguës et non arrondies à la base, pendantes, luisantes sur les deux faces, assez souvent ondulées et d'une verdure assez vive. En moyenne leur longueur est de 10 à 12 centimètres sur 2 à 3 de large, mais elles sont quelquefois plus grandes et souvent beaucoup plus petites. Elles sont presque toujours droites ; rarement elles se courbent un peu en faux dans leur moitié supérieure.

L'inflorescence et les fleurs répètent à très peu près ce que nous avons vu dans les *E. gracilis* et *melliodora*, avec ces légères différences qu'ici le pédoncule de l'inflorescence est un peu plus robuste que dans ces deux espèces, le tube du calice plus sensiblement turbiné, l'opercule un peu plus longuement apiculé. Une différence plus facile à saisir nous est offerte par la capsule, qui, au lieu d'être profondément incluse dans le tube du calice, en affleure presque le bord que ses valves dépassent même quelque peu au moment de sa déhiscence.

L'*E. Gunnii* habite les parties montagneuses du sud-est de l'Australie, dont il atteint les sommets les plus élevés (environ 1800 m.), mais il est surtout commun en Tasmanie, où il résiste à la gelée et à la neige, ce qui explique sa rusticité chez nous. Ainsi que nous l'avons dit plus haut, ses proportions varient considérablement, en Australie du moins, suivant la nature des sols, leur plus ou moins de fertilité et d'humidité, et sans doute aussi suivant que l'arbre est dans la plaine ou sur les montagnes, mais peut-être y a-t-il ici plusieurs espèces confondues sous le même nom. Les auteurs ne sont pas d'accord non plus sur les qualités de son bois. Ses feuilles, peu aromatiques, sont volontiers acceptées par le bétail, ce qui est une exception dans le genre, et sa sève un peu sucrée est, dit-on, quelquefois utilisée comme boisson par les indigènes.

Dans nos cultures l'*E. Gunnii*, du moins la variété que nous possédons, paraît peu exigeante, résistant au froid et à la sécheresse et croissant rapidement, quoique inférieure sous ce rapport à l'*E. globulus* et à quelques autres.

13. EUCALYPTUS GONIOCALYX.

F. Müll., *Fragm.*, II, p. 48; *Eucalyptogr.*, I, n° 3; Benth., *Flor. Austr.*, III,
  p. 229. — *E. elæophora* F. Müll., in *Frag.*, II, p. 48; *Select Plants*,
  p. 120.

E. arborea; cortice rugoso, persistente; foliis anguste lanceolatis, sæpe falcatis et coriaceis; umbellis axillaribus, 7-floris, pedunculo brevi nonnihil applanato; floribus sessilibus, inter se stellatim divergentibus; calycis tubo oblongo-turbinato, sæpe (non semper) angulato; operculo breviter conico, acuto aut obtuso; fructibus capitellatis, ovoideo-cylindricis, apice truncato nonnunquam parum constrictis (ante maturitatem quasi urceolatis), lævibus aut costula una et altera longitudinali ornatis; capsula inclusa, sæpius 3-loculari.

Espèce très biforme. A l'état uvénile l'*E. goniocalyx* est un arbrisseau à rameaux grêles, cylindriques, à feuilles sessiles, opposées par paires, orbiculaires ou largement ovales, apiculées ou obtuses et plus ou moins glauques. A l'état adulte c'est un grand arbre, qui s'élève à 80 mètres ou davantage, sur un tronc de 2 à 3 mètres de diamètre à la base. Ses feuilles sont alors longuement lancéolées, coriaces, longues de 12 à 18 centimètres sur 1 à 3 de large, habituellement un peu courbées en faux et plus ou moins obliques relativement à l'horizon. Les fleurs, assez petites, sont sessiles ou à peu près sessiles, au nombre de sept, au sommet d'un pédoncule commun légèrement aplati et ordinairement plus court que le pétiole de la feuille adjacente. Les boutons de fleurs sont un peu allongés, souvent anguleux par suite de leur pression mutuelle, divergents l'un de l'autre en forme d'étoile à six branches, avec la septième fleur au milieu. L'opercule, au moins de moitié plus court que le tube du calyce, est à peu près hémisphérique et le plus souvent obtus. Les fruits, rapprochés en une sorte de capitule au sommet du pédoncule commun, sont ovoïdes-tronqués ou ovoïdes-cylindriques, un peu variables de grosseur (du volume d'un pois plus ou moins gros), et la capsule y est profondément incluse.

Comme arbre forestier l'*E. goniocalyx* est dans les premiers rangs. Son bois est dur, compacte et de longue conservation même dans la terre et dans l'eau, mais ses fibres entrecroisées le rendent presque aussi difficile à fendre que celui de l'*E. rostrata*. En Australie il sert à tous les usages de la charpente et il est particulièrement estimé pour le charronnage (Ferd. Müller, *l. c.*).

Par la figure qu'il présente à l'état juvénile et par ses fruits sessiles ou presque sessiles et rapprochés en capitule, l'*E. goniocalyx* ne pourra être confondu avec aucune des espèces septiflores qui précèdent; on ne le confondra pas davantage avec l'*E. botryoides*, malgré une certaine ressemblance de ses fruits avec ceux de ce dernier, qui en diffère radicalement par sa forme juvénile et par son feuillage. Il habite plusieurs régions de l'Australie méridionale, en plaine et sur les montagnes jusqu'à 1000 mètres d'altitude. Suivant les lieux, les colons australiens lui donnent les noms de *Spotted gum tree*, *Blue gum*, *White gum*, *Grey box*, *Bastard box*, etc., ce qui montre une fois de plus combien il faut peu compter sur les désignations vulgaires.

14. EUCALYPTUS COCCIFERA.

J. D. Hooker in *Hook. Lond. Journ. of Bot.*, VI, p. 477, et *Flor. Tasm.*, I, p. 133, tab. 25; *Bot. mag.*, tab. 4637; Benth., *Flor. Austr.*, III, p. 204; Maxwell T. Masters in *Gardener's Chron.*, 1880, pars 1ª, p. 395, cum icone.

E. arborea, pro genere submicrophylla sed foliosa, undique glauca aut glaucescens; foliis (in adulta arbore) petiolatis, lanceolatis, utrinque acutis, apice in mucronem rectum aut sæpius uncinatum productis; umbellis axillaribus 7-floris

(nonnunquam depauperatis et tunc 3-5-floris), albo-pruino-
sis; alabastris in pedicellum attenuatis angulatisque; operculo
brevi, hemisphærico-complanato, obtusissimo, rarius apiculato; fructibus turbinatis obovoideisve; capsula inclusa, 4-5-lo-
culari.

Arbre biforme et très différent à l'état juvénile de ce qu'il sera à
l'âge adulte. Dans cette première période de sa vie la tige et les rameaux sont finement muriqués, c'est-à-dire couverts d'aspérités
analogues à la base glanduleuse des poils que présentent d'autres
espèces de même âge. Les feuilles, alors petites, sont opposées, sessiles, un peu embrassantes, ovales ou suborbiculaires, aiguës ou
courtement mucronées, coriaces, raides, glauques, longues de 12 à
25 millimètres, sur 9 à 12 de large. Vers la troisième année, plus tôt
ou plus tard suivant les individus, elles deviennent pétiolées, alternes,
lancéolées, terminées au sommet par une pointe (prolongement de
la nervure médiane) tantôt droite, tantôt et plus souvent recourbée
en crochet, ce qui est très caractéristique de l'espèce. Elles sont tou-
ours un peu petites pour le genre, c'est-à-dire longues en moyenne
de 5 à 8 centimètres, sur 8 à 12 millimètres de largeur, toujours
glauques ou glaucescentes. Les fleurs, en ombelles axillaires pédonculées, quelquefois rapprochées vers l'extrémité des rameaux et simu-
lant un corymbe, sont relativement petites, au nombre normal de
sept, mais assez souvent réduites à trois par ombelle, presque sessiles
ou courtement pédicellées par l'atténuation graduelle du tube calicinal, qui est anguleux, un peu évasé au sommet, et fermé par un
opercule très déprimé ou presque plat, plus rarement apiculé. Les
fleurs ouvertes (filets des étamines) sont jaune pâle. Le fruit est obo-
voïde-tronqué ou turbiné, lisse ou ne conservant que quelques traces
des angles et des stries qu'il avait au moment de la floraison; la
capsule y est incluse et à 4 ou 5 loges.

Sans être un très grand arbre, l'*E. coccifera*, au sujet duquel nous
n'avons encore que des renseignements incomplets, paraît atteindre
de 20 à 25 mètres dans sa contrée natale, la Tasmanie, où il s'élève
sur les montagnes à des altitudes de 1000 à 1100 mètres, bravant la
gelée et la neige qui y couvre le sol pendant plusieurs mois de l'année, ce qui donne la raison de sa demi-rusticité en Angleterre. C'est
là, en effet, à Powderham Castle, propriété du comte de Devon, près
d'Exeter, que se trouve le plus grand exemplaire de l'espèce qui
existe en Europe. Sa hauteur actuelle est évaluée à 18 mètres, et sa
circonférence, à 1 mètre du sol, à un peu plus de 2 mètres. Ce bel
arbre, dont les journaux d'horticulture anglais (*The Garden* et *The*

Gardener's Chronicle) ont souvent parlé dans ces dernières années, y a enduré bien des hivers sans en être sensiblement endommagé, même par des froids de 8 à 10 degrés au-dessous de zéro; il se couvre de fleurs tous les ans, mais ne paraît pas mûrir de graines.

L'*E. coccifera* est du petit nombre d'Eucalyptus qu'on peut tenter de naturaliser sur nos côtes océaniques, en Bretagne, dans la presqu'île du Cotentin et dans les landes de Bordeaux (1). Je n'en connais encore que de jeunes sujets dans nos jardins de Provence, mais un échantillon fleuri, qui a été cueilli il y a quelques années à l'Isola bella (lac Majeur), et qui fait partie de l'herbier de la villa Thuret, me donne à croire qu'il existe à l'état adulte en Italie.

c. **Ombelles axillaires**, **souvent 7-flores**, **mais où le nombre des fleurs peut varier de 7 à 11.**

15. EUCALYPTUS TERETICORNIS.

Smith, *Bot. Nov. Holl.*, p. 41, et *Trans. Linn. Soc.*, III. p. 284 (ex Benthamio); DC. *Prod.*, III, p. 216; Ferd. v. Müll., *Select Plants*, p. 130; Benth., *Flor. Austr.*, III, p. 241.

E. arborea; cortice rugoso, cinerescente aut albente, ut videtur persistente; ramulis in prima juventute compresso-4-angulis nonnihilque 4-alatis, pulverulento-canescentibus, in arbore florente obtusius angulatis; foliis diversiformibus, nunc late ovatis ovatove-lanceolatis, nunc anguste lanceolatis et acutis, glaucescentibus aut albentibus; umbellis axillaribus, sæpius 7-floris, haud raro tamen 9-11-floris, incano-pulverulentis, pedunculo communi gracili et superius parum complanato, floribus singulis pedicellatis; tubo calycino brevi, turbinato-dilatato; operculo conico, quam tubus duplo triplove longiore; floribus (staminum filamentis) candidissimis; fructu sphærico, quasi zonato; capsula exserta, 4-5-loculari, valvis totidem porrectis aperta; seminibus exappendiculatis.

L'*E. tereticornis*, désigné par les colons australiens sous le nom de *Red gum tree* (Müll. *l. c.*) est une des espèces les plus variables du genre et une des plus embarrassantes pour le descripteur. Il se

----

(1) Ce sont principalement les *E. Gunnii, pauciflora* ou *coriacea, alpina, urnigera, coccifera* et *vernicosa*, tous habitants des sommets relativement froids de l'Australie méridionale et surtout de la Tasmanie.

nuance par gradations insensibles avec des formes dont on ne saurait dire encore si ce sont de simples variétés ou des espèces distinctes, mais un caractère qui leur est commun à toutes est un fruit sphérique, dont la grosseur varie de celle d'un grain de chènevis à celle d'un pois, et où la capsule dépasse d'environ moitié la ligne de séparation de l'opercule et du tube calicinal, marquée ici par une cicatrice annulaire plus ou moins large, mais toujours reconnaissable. La capsule mûre s'ouvre par trois, quatre ou cinq valves triangulaires, qui restent érigées après la déhiscence.

L'opercule est assez caractéristique ; il est presque toujours beaucoup plus long que le tube court et évasé du calice, plus ou moins aigu, tantôt de même largeur que le tube, tantôt un peu plus large et quelquefois aussi plus étroit. Les étamines, surtout les plus extérieures, y sont presque droites ou à peine infléchies par leur sommet ; l'ovaire n'est adhérent que par sa base, et le stigmate à peine plus large que le style. Cette disposition de l'ovaire explique la forme que le fruit présentera plus tard.

Je considère comme type de l'espèce la forme la plus répandue et déjà assez commune dans les collections de la Provence et de l'Algérie, où il n'est pas rare d'en rencontrer des exemplaires de 12 à 15 mètres, qu'on reconnaît assez aisément à leur écorce grisâtre, légèrement crevassée, ainsi qu'à leur feuillage un peu glaucescent. Leurs fleurs, très blanches et abondantes au moment de la floraison, peuvent aussi servir à les faire reconnaître. Dans le premier âge cette forme du *tereticornis* se ramifie de bonne heure, étalant ses rameaux sous un angle très ouvert ; ses feuilles sont alors largement ovales, aiguës ou obtuses, alternes et pétiolées, rendues blanchâtres par la pulvérulence impalpable qui se retrouve plus abondante sur la tige et les rameaux. Ces derniers sont ordinairement très anguleux, même un peu ailés par le prolongement des angles, qui sont assez souvent ondulés-crénelés, mais ces caractères s'effacent insensiblement à mesure que l'arbre grandit

Lorsqu'il est adulte et en âge de fleurir, les feuilles sont ordinairement lancéolées, quelquefois même étroitement lancéolées et très aiguës ; tantôt elles restent droites, tantôt elles se courbent en faux ; leur longueur varie, suivant les individus ou les rameaux d'un même individu, de 10 à 30 centimètres, et leur largeur de 1 à 4. Ces feuilles étant relativement peu épaisses, le réseau compliqué de leurs nervures est très visible.

Le caractère le plus saillant de l'espèce est peut-être dans le fruit, ovoïde-obtus, presque ou tout à fait sphérique, par suite de la saillie de la capsule au-dessus du tube calicinal, dont la limite est indiquée par la cicatrice annulaire indiquée plus haut, mais ce fruit varie notablement de grosseur suivant les variétés ou, si l'on aime mieux, suivant les espèces voisines du type proprement dit. On le retrouve dans des formes à feuilles étroites et dans d'autres à feuilles largement ovales et coriaces, qui ne ressemblent pour ainsi dire plus du tout à celles que j'ai décrites plus haut. Ces variétés diffèrent également par le port, l'aspect de l'écorce, la longueur relative de l'opercule et la teinte générale du feuillage. Pour décider du rang qu'il convient de leur assigner, de nouvelles observations faites sur le vivant sont encore nécessaires. Il faut ajouter à ceci que certaines formes de l'*E. tereticornis* se rapprochent sensiblement de quelques-unes des variétés de l'*E. rostrata*.

Nous manquons encore de renseignements sur les qualités forestières de l'*E. tereticornis*. Suivant le baron F. Müller (*Select Plants*), l'espèce en est assez répandue dans les diverses colonies de l'Australie méridionale-orientale, où on l'exploite pour les constructions et le charronnage. On en tire aussi des traverses de chemins de fer, qui se conservent, dit-on, longtemps dans la terre, ainsi que des poteaux télégraphiques. En bon sol l'arbre peut atteindre à 40 et 50 mètres de hauteur.

16. EUCALYPTUS LEUCOXYLON.

F. Müll. in *Trans. Vict. Inst.*, I, p. 33; *Fragm.*, II, p. 60, et *Eucalyptogr.*, I, n° 4; Benth., *Flor. Austr.*, III, p. 209. — ? *E. sideroxylon* All. Cunningh., in *Herb.* — Vulgo *Iron bark* et *White gum*.

E. arborea; cortice duro, rugoso, nigricante, ut videtur persistente; foliis lanceolatis, glaucescentibus; umbellis axillaribus, longiuscule et graciliter pedunculatis, aliquando cernuis, 3-5-7-9-floris; floribus pro genere longe pedicellatis, albis aut roseis; tubo calycino breviter turbinato; operculo conico; fructibus subglobosis, capsula inclusa, 3-5-loculari.

D'après M. le baron Müller (*Eucalyptographia l. c.*) cette espèce appartiendrait au groupe des biformes. La planche le représente, en effet, comme ayant les feuilles opposées, sessiles et largement ovales à l'état juvénile (1), fort différentes par conséquent de celles de l'âge adulte, qui sont alternes, pétiolées et plus ou moins longuement lancéolées. Je ne sais s'il y a eu erreur d'étiquetage dans les graines que j'ai reçues de différentes sources sous le nom d'*E. leucoxylon*,

---

(1) « The leaves of the young seedlings of *E. leucoxylon* are cordate or lanceolar-ovate, opposite, sessile and smooth ». F. Müller, *l. c.*

toujours est-il que les jeunes sujets que j'ai obtenus n'ont montré que des feuilles alternes, pétiolées et lancéolées, ce qui doit les faire classer dans le groupe des uniformes. Il est presque probable qu'il y a, sous ce nom, quelque confusion d'espèces, d'autant plus que le R⁴ Wools, qui a étudié les Eucalyptus en Australie, affirme que c'est à tort que l'*E. sideroxylon* de Cunningham a été réuni au *leucoxylon* de F. Müller. D'un autre côté, M. F. Müller lui-même reconnaît dans son *E. leucoxylon* deux formes ou variétés très distinctes et qui n'habitent pas les mêmes lieux, l'une connue sous le nom de *White gum*, dont l'écorce est caduque et laisse, après sa chute, le tronc de l'arbre lisse et blanc ; l'autre, qui est l'*Iron-bark* de la colonie de Victoria, dont l'écorce persistante devient dure, rugueuse et de couleur foncée. Cette seconde variété (ou espèce?) est celle que nous possédons, et que son écorce, d'un brun presque noir, fait reconnaître d'emblée, même à distance. On croit, en Australie, que la présence de cet arbre est l'indice d'un terrain aurifère.

En attendant que ces obscurités disparaissent, et en nous bornant à considérer l'*Iron-bark*, à écorce dure et noire, comme le type de l'espèce, nous y constaterons encore des variations (individuelles?) très sensibles dans le port des arbres, la longueur des feuilles, le nombre des fleurs dans l'inflorescence, leur couleur et la grosseur des fruits. Quand l'arbre est bien venu le tronc est droit, l'écorce d'autant plus dure, plus crevassée et plus foncée en couleur qu'il est plus âgé, et elle exsude alors de ses crevasses une sorte de résine noire, dure et luisante. En général, la tête de ces arbres est relativement peu fournie et le feuillage, d'une teinte grisâtre, un peu clairsemé. Par ses inflorescences, l'*E. leucoxylon* se rapproche beaucoup de l'*E. longifolia*, et, sans la couleur caractéristique de son écorce, on pourrait au premier abord confondre les deux arbres. On trouve d'ailleurs dans leurs fruits des différences assez marquées pour les distinguer l'un de l'autre.

Les inflorescences sont des ombelles où le nombre des fleurs peut varier de trois à neuf, peut-être même davantage, et ces fleurs sont ordinairement d'autant plus petites qu'elles sont plus nombreuses. Le pédoncule commun est relativement long et grêle, les fleurs elles-mêmes sont assez longuement pédicellées, et assez souvent, surtout quand l'arbre croît à l'ombre et qu'il est un peu étiolé, les pédoncules se recourbent et l'inflorescence devient nutante, mais elle reste dressée dans beaucoup d'autres cas. Les fleurs varient considérablement de grandeur, ainsi que je viens de le dire; il en est de même des fruits, toujours à peu près sphériques et tronqués au sommet; les plus gros atteignent le volume d'un gros pois, les plus petits ne dépassent guère celui d'un grain de poivre, et, ce qui est à noter, ils ne présentent jamais la cicatrice annulaire extérieure à leur bord, qui est caractéristique de ceux du *longifolia*, d'ailleurs toujours un peu plus gros. La capsule y est profondément incluse, et on voit assez souvent le faisceau des étamines, en forme de pinceau, persister sur ces fruits presque jusqu'à leur maturité. Les fleurs (filets des étamines) y sont ordinairement blanches, quelquefois avec une teinte rosée lorsqu'elles vieillissent; chez quelques exemplaires, elles sont franchement rose-pourpre dès la chute de l'opercule.

La qualité forestière de l'*E. leucoxylon*, du moins de la variété *Iron-bark* dont il est question ici, nous intéresse sous plus d'un rapport. C'est, au dire de M. Ferdinand Müller, une des rares espèces du genre qui s'accommodent du climat tropical humide. En Australie il atteint communément à 30 mètres de hauteur et quelquefois au double dans les bons terrains, réussissant d'ailleurs, mais avec une moindre taille, dans les sols secs et rocailleux. Son bois est un des plus durs dans le genre, extraordinairement fort, mais difficile à fendre et d'une très longue durée, aussi est-il recherché pour tous les travaux de charpente et de charronnage, pour fournir des étais dans les mines et des traverses de chemins de fer. Son écorce est remarquablement riche en tannin (22 pour 100 de son poids lorsqu'elle est sèche), mais ce tannin a moins de valeur que celui qu'on retire des écorces d'acacias (*A. leiophylla*, *A. decurrens*, *A. melanoxylon*, etc.).

L'*E. leucoxylon* n'est pas rare aujourd'hui dans les jardins de la Provence, où l'on en voit des exemplaires de 18 à 20 mètres, fleurissant et donnant des graines. J'en ai aussi trouvé quelques-uns en Algérie. Sa croissance est beaucoup moins rapide que celle de plusieurs de ses congénères.

17. EUCALYPTUS RUDIS.

Endlich., in *Hueg. Enum.*, p. 49; Benth. *Flor. Austr.*, III, 244. — Vulgo *Flooded gum* et *Swamp gum*.

E. arborea, dense foliosa; cortice duro, persistente; ramis supremis gracilibus, teretibus, purpureo-fuscescentibus; foliis in ætate primaria late ovatis, glaucescentibus, in adulta ovato-lanceolatis lanceolatisve, sæpe falcatis, intense virentibus; umbellis axillaribus 7-13-floris; floribus singulis pedicellatis; operculo conico sæpius acuto, calycis tubo breviter turbinato; fructibus late campaniformibus; capsula vix non exserta, 4-5-loculari.

Espèce uniforme en ce sens que, dès le premier âge, les feuilles sont alternes et pétiolées, mais elles diffèrent assez notablement de celles de l'âge adulte ; elles sont alors largement ovales, obtuses ou aiguës, d'une belle teinte glauque sans être pruineuses ; elles ont en outre une certaine tendance à placer leur limbe dans un sens oblique ou vertical. Celles de l'arbre adulte, ou commençant à fleurir, ce qui arrive quelquefois dès la troisième année, sont plus ou moins longuement lancéolées, quelquefois obtuses, plus ordinairement aiguës et comme acuminées, souvent courbées en faux et d'une verdure foncée ou à peine glaucescentes ; leur longueur varie en moyenne de 10 à 15 centimètres sur 1 ½ à 3 de large. Les jeunes rameaux, toujours à peu près cylindriques, sont très souvent teints de pourpre obscur, surtout du côté le plus exposé au soleil. Les ombelles, toujours axillaires et dont le pédoncule commun, un peu grêle, est à peu près de même longueur que le pétiole de la feuille voisine, sont souvent septiflores, mais souvent aussi elles contiennent de 9 à 11 fleurs ou même davantage ; ces fleurs sont pédicellées et leur opercule tantôt conique et obtus, tantôt prolongé en pointe aiguë, est ordinairement plus long que le tube du calice. Tous ces caractères sont un peu variables, mais il en est un qui me paraît constant : c'est la forme du fruit hémisphérique-tronqué, ou plutôt en forme de cloche déprimée et largement ouverte, dont la capsule, d'abord aplatie, affleure le bord, et que ses valves aiguës dépassent très sensiblement lorsqu'elle s'ouvre. La grosseur de ce fruit est à peu près celle d'un pois, avec quelques variations en plus ou moins, suivant les individus ; les graines sont fines, anguleuses et dépourvues de tout appendice.

L'*E. rudis* est un grand et bel arbre, très feuillu et de croissance rapide. Dans notre collection de la villa Thuret, je l'ai vu dépasser 3 mètres et fleurir à la fin de sa troisième année ; il en existe çà et là de beaux exemplaires de 14 à 18 mètres dans divers jardins de Provence (Toulon, Cannes, Nice, etc.), ainsi que dans la collection de M. Cordier à Alger. Jusqu'ici nous manquons de renseignements sur la valeur et les qualités de son bois.

18. EUCALYPTUS BOTRYOIDES.

Smith, in *Trans. Linn. Soc.*, III, p. 286 ; Bentham, *Flor. Austr.*, III, p. 229 ; F. Müller, *Eucalyptogr.*, fasc. IV, n° 2, et *Select Plants*, p. 116. — *E. platypodos* Cavan., *Icones*, IV, p. 23, tab. 341. — Vulgo *Bastard mahogany*.

E. arborea et procera, dense et pulchre foliosa, cortice persistente ; foliis ovato-lanceolatis, acuminatis, coriaceis, nonnunquam modice falcatis, nervis lateralibus tenuibus, crebris, parallele divergentibus; umbellis axillaribus, sæpe (non semper) geminatis, involucro calyptriformi mature caduco circumdatis, pedunculo robusto superne complanato aut ancipiti, 7-9-11-floris; floribus sessilibus, dense congestis aut capitatis; operculo quam tubus calycinus breviore, obtuso; fructibus ovoïdeo-truncatis, capitato-glomeratis; capsula 3-4-5-loculari, inclusa.

Uniforme, et bien caractérisé à l'état jeune par ses rameaux étalés et par ses feuilles toujours horizontales, alternes, pétiolées, ovales-oblongues ou ovales-elliptiques, d'une verdure foncée, sans glaucescence apparente. A l'état adulte c'est un arbre de 30 à 40 mètres, à tête large et touffue, et dont l'écorce persiste sur le tronc. Ses feuilles, un peu grandes (15 à 20 centimètres sur 3 à 5 de large), sont coriaces, ovales-lancéolées, acuminées et très aiguës, un peu luisantes en dessus, avec des nervures latérales fines, serrées, parallèles entre elles et très divergentes de la nervure médiane. Les ombelles, toujours axillaires, quelquefois géminées, composées de 5 à 9 fleurs assez petites, sont portées par des pédoncules plus ou moins aplatis et ordinairement dilatés à leur sommet en une sorte de cupule qui embrasse la partie inférieure du groupe de fleurs, mais qui disparaît plus ou moins avant la maturité des fruits (1). Ces fleurs y sont sessiles, serrées, formant plutôt un capitule qu'une ombelle proprement dite, et leur opercule, presque toujours plus court que le tube du calice, est obtus ou à peine apiculé. Les fruits, à peu près de la grosseur d'un pois ou plus petits, sont ovoïdes-tronqués, lisses, un peu resserrés à l'orifice, et si rapprochés les uns des autres qu'on a comparé leur groupe à de petites grappes de raisin, ce qui a valu à l'espèce le nom, d'ailleurs assez peu justifié, qu'elle porte. La capsule est incluse, à trois et plus souvent à quatre ou cinq loges.

L'*E. botryoides* est un très bel arbre et un de ceux qu'il y aurait le plus d'intérêt à propager, soit comme arbre forestier, à cause de l'excellence de son bois, soit comme arbre d'avenue, ce à quoi son feuillage dense et d'une verdure foncée le rend particulièrement propre. A ces premiers avantages il faut ajouter celui de croître rapidement, et, sous ce rapport, il est peu inférieur au *globulus*. Je l'ai

(1) Cette cupule est le reste d'une sorte d'involucre formé de deux petites folioles soudées l'une à l'autre, en forme de coiffe, et qui se détache par circoncision avant l'ouverture des fleurs. C'est jusqu'ici le seul exemple que j'en connaisse dans les Eucalyptus.

vu, à la villa Thuret, dépasser 4 mètres à sa troisième année. Il en
existe déjà de beaux exemplaires de 15 à 20 mètres de hauteur dans
divers jardins de Provence (Toulon, Hyères, Cannes, Golfe Jouan, etc.);
je l'ai aussi rencontré à l'établissement forestier d'Alger et dans la
collection de M. Cordier.

En Australie le bois de l'*E. botryoides* est considéré comme un
des meilleurs du genre; aussi est-il recherché pour tous les travaux
de charpente, la menuiserie, les constructions navales, le charronnage, etc. Sa teinte un peu brunâtre lui a fait donner par les colons
australiens le nom, du reste assez impropre, de *Bastard mahogany*
(acajou bâtard); sa qualité varie suivant les lieux où il a cru, et le
meilleur est celui des arbres qui se sont développés au voisinage des
cours d'eau. L'arbre vient encore assez bien dans les sables maritimes, mais sans y atteindre les grandes proportions qu'il prend en
meilleur sol et sans y présenter des formes aussi régulières. Sa rusticité, en Provence, est à peu près celle du *globulus*, peut-être cependant un peu moindre.

19. EUCALYPTUS DIVERSICOLOR.

F. Müll., *Fragm.*, III, p. 131, et *Eucalyptogr.*, fasc. V, n° 4; Benth., *Flor.
Austr.*, III, p. 251. — *E. colossea* Hort. — Vulgo *Karri* in Australia.

E. arborea, procerrima; cortice vetustiore in laminas secedente; foliis ovato-lanceolatis lanceolatisve, haud raro acuminatis, coriaceis, supra viridibus, subtus pallidioribus cineres-
centibusve; umbellis axillaribus (nonnunquam geminatis),
longiuscule pedunculatis, 7-9-11-floris, alabastris claviformibus, in pedicellum attenuatis; operculo sæpius hemisphærico, obtuso aut vix acuto, rarius oblongo; fructibus
turbinato-pyriformibus; capsula inclusa, sæpius 3-loculari.

Intermédiaire entre les uniformes et les biformes. A l'état juvénile
l'arbuste, ramifié de bonne heure, prend une forme pyramidale par
la tendance de ses rameaux à s'étaler horizontalement; ils sont alors
sensiblement quadrangulaires et souvent teints de rouge; leurs
feuilles, relativement grandes (de 8 à 10 centimètres de long sur 5 à
7 de large), et dont le limbe, toujours horizontal, est largement
elliptique ou ovale-elliptique, communément apiculé au sommet,
sont courtement pétiolées, ordinairement rapprochées deux à deux
sans être opposées, et d'une verdure assez vive, sans glaucescence
appréciable, tirant même quelquefois sur le jaune clair. Au total, le

port de cette espèce, à l'état juvénile, se rapproche beaucoup de celui du *botryoides* de même âge.

Tous ces caractères se modifient quand l'arbre passe à l'état adulte, ce qui arrive à la troisième ou à la quatrième année ; les feuilles deviennent alors tout à fait lancéolées, aiguës, même un peu falciformes et plus coriaces que celles du premier âge. Quelquefois aussi on voit reparaître sur certains rameaux des feuilles courtement ovales, presque orbiculaires, qui rappellent celles de l'état juvénile.

Les ombelles, tantôt solitaires, tantôt géminées à l'aisselle des feuilles, sont portées par des pédoncules un peu grêles et ordinairement plus longs que le pétiole de la feuille adjacente ; elles sont quelquefois réduites à sept fleurs, mais plus habituellement on en compte de neuf à onze, et il est possible qu'elles en contiennent quelquefois un plus grand nombre. Les fleurs elles-mêmes sont un peu longuement pédicellées par l'atténuation graduelle de la base du calice ; les boutons, au moment de s'ouvrir, sont de la grosseur d'un petit pois ; ils sont obovoïdes ou, si l'on veut, en forme de massue ; l'opercule, souvent plus court que le tube du calyce, est alors hémisphérique et très obtus ; plus rarement il se prolonge un peu en pointe ou en mamelon, ou même prend la figure d'un cône obtus. Les fleurs ouvertes sont blanches et ont de 1 ½ à 2 centimètres de diamètre. Les fruits mûrs sont à peu près pyriformes, tronqués au sommet et un peu contractés à leur orifice, lisses à l'extérieur et de la grosseur d'un pois moyen.

L'*E. diversicolor*, connu aussi sous le nom de *colossea*, qu'il justifie par ses proportions étonnantes, appartient à l'Australie occidentale, où il forme de vastes forêts ; les colons du pays lui donnent le nom de *Karri*, emprunté aux indigènes ; c'est peut-être l'arbre le plus gigantesque du globe, si on ne considère que la hauteur (1). Les voyageurs qui l'ont vu sur place s'accordent à lui attribuer une taille extraordinaire, supérieure même à celle des séquoias (*Wellingtonia*), ou arbres mammouths de la Californie. Toutefois, sa tige élancée n'atteint jamais l'énorme grosseur de celle de ces derniers. On en a mesuré dont le tronc, entre le sol et la première branche, avait jusqu'à 300 pieds anglais (91ᵐ,50) de longueur, et M. Ferdinand Müller lui-même en a vu dont la hauteur totale n'était pas inférieure à 400 pieds (122 mètres). Quand l'arbre croît en massifs trop serrés, sa tige reste comparativement menue, et à tel point qu'on en a une fois rencontré un de 55 mètres dont le tronc, à fleur de terre, n'avait

(1) « One of the grandest trees of the globe, and one of the greatest wonders in the whole creation of plants ». F. von Müller, *l. c.*

guère que 30 centimètres de diamètre (1). C'est là un cas extrême,
sans doute, mais qui n'en montre pas moins la disposition de l'arbre
à former des fûts longs et réguliers, et qui indique en même temps
la marche à suivre dans une plantation pour obtenir de belles
pièces.

Cet arbre superbe a été l'objet de beaucoup d'observations et d'expériences de la part des ingénieurs et des forestiers de l'Australie
occidentale, où il fournit presque tout le bois de construction. On en
tire des madriers de toute grandeur, des planches d'une largeur et
d'une longueur exceptionnelles, et jusqu'à des mâts d'une seule
pièce pour de grands navires. Son bois, de couleur claire et à grain
fin, se laisse assez facilement courber pour entrer dans la construction des coques de vaisseau, mais il est un peu dur à travailler,
d'ailleurs très résistant et capable de soutenir des charges énormes
avant de se rompre.

L'*E. diversicolor*, auquel nous pouvons conserver le nom de *Karri*,
qui ne fait pas double emploi, se présente donc comme un arbre
forestier de premier ordre et tout à fait digne d'attirer l'attention de
quiconque s'intéresse à la production du bois dans le midi de l'Europe, et à plus forte raison dans notre colonie algérienne. Il croît
un peu moins vite que l'*E. globulus* et ne s'accommode pas aussi bien
que lui des terrains secs; il est aussi un peu plus sensible à la gelée;
néanmoins il réussit d'une manière satisfaisante en Provence, où on
en voit d'assez nombreux sujets, encore jeunes mais déjà fleurissants
dans les jardins de Cannes et de Nice. Il en existe aussi un certain
nombre en Algérie (pépinière du Hamma, collections de MM. Trottier
et Cordier, etc.), dont quelques-uns atteignent à 15 ou 16 mètres.
C'est une espèce décidément naturalisée et qui produit déjà assez de
graines chez nous pour pouvoir être propagée sur une vaste échelle.

---

(1) Cette exagération de la longueur de la tige relativement à son épaisseur
n'est pas particulière à l'*E. diversicolor*; on l'observe sur la plupart des Eucalyptus, peut-être sur tous, quand ils ont été plantés trop serrés. Nous en avons
de nombreux exemples à villa Thuret, où divers Eucalyptus (*cinerea, diversifolia, occidentalis, resinifera*, etc.), plantés dans un bois de chênes qui leur
ont disputé le sol et la lumière, sont si grêles et si faibles qu'ils ne peuvent se
soutenir qu'en s'appuyant sur d'autres arbres. Ce fait démontre combien l'espace et la lumière sont nécessaires aux Eucalyptus pour se développer conve-
nablement.

f. — Ombelles axillaires pluriflores, pouvant contenir jusqu'à 25 fleurs et au delà.

1. Opercule 4 à 5 fois plus long que le tube du calice; étamines droites dans le bouton.

20. EUCALYPTUS CORNUTA.

Labillardière, *Voy.*, 1, p. 403, tab. 20, et *Nov. Holl.*, II, p. 221; DC. *Prod.*, III, p. 216; Benth., *Flor. Austr.*, III, p. 234; F. Müll., *Select. Plants*, p. 117. — Non *E. cornuta*, *Bot. Mag.*, tab. 6140 (anno 1875), nec *Flor. des Serr.*, XXI, tab. 9.

E. arborea; cortice duro, ut videtur persistente; foliis in juventute rotundatis, petiolatis, demum ovato-lanceolatis lanceolatisque, interdum subfalcatis; umbellis multifloris; floribus breviter pedicellatis subsessilibusque; operculo in cornu longum producto, sæpe arcuato; staminibus in alabastro rectis nec inflexis; fructibus ovoideis, capsulis apice subexsertis, styli basi indurata mucronatis, 3-4-locularibus.

Uniforme, en ce sens que les feuilles y sont toujours alternes et pétiolées, mais celles du premier âge sont largement ovales, souvent même orbiculaires, rétuses ou apiculées, différentes par conséquent de celles d'un âge plus avancé, où elles deviennent insensiblement ovales-lancéolées ou même tout à fait lancéolées et coriaces, mais on y voit çà et là reparaître les formes plus élargies de l'état juvénile. Ces feuilles, surtout dans la jeunesse, sont d'une verdure vive, sans glaucescence marquée.

Jusqu'à ce jour l'*E. cornuta*, qui est assez répandu en Provence, n'a pas dépassé la taille de 7 à 8 mètres, mais j'en ai vu de beaucoup plus grands en Algérie, où il tend à devenir un arbre de moyenne grandeur. Son écorce est dure, lisse ou un peu crevassée, et, selon toute apparence, persistante. La floraison est tantôt précoce, tantôt tardive, suivant les individus, et j'en ai vu fleurir dès la troisième année, mais ce cas paraît exceptionnel et assez rare.

L'inflorescence est très caractéristique; c'est une ombelle axillaire, mais qui, par suite de la lenteur qu'elle met à se développer, se trouve assez souvent sur des parties de rameaux dont les feuilles sont tombées. Son pédoncule commun est un peu grêle, cylindrique, souvent plus long que le pétiole de la feuille adjacente; l'ombelle elle-même, quand elle est bien développée, est composée de 15 à

25 fleurs, quelquefois d'un plus grand nombre, tantôt presque sessiles, tantôt distinctement pédicellées. Le trait saillant de cette inflorescence est la figure de l'opercule, qui est de quatre à six fois plus
long que le tube du calice (de là le nom spécifique de l'arbre), cylindrique, droit ou arqué, souvent obtus au sommet, un peu dilaté à la
base. Lorsqu'il tombe, les étamines s'écartent en pinceau, mais sans
beaucoup s'étaler; leur couleur est le blanc jaunâtre avec une légère
teinte de vert. Le fruit mûr est de la grosseur d'un pois, pyriforme
ou turbiné, et la capsule, dont le sommet dépasse un peu le bord du
calice, se prolonge en une pointe qui n'est autre chose que la base
élargie et endurcie du style; elle s'ouvre latéralement, au-dessous de
cette pointe, par trois ou quatre fentes qui correspondent à autant
de loges.

Cet eucalyptus croît assez vite, sans être comparable sous ce rapport à plusieurs autres espèces. Nous l'avons vu atteindre à 2 ou
3 mètres à sa troisième année, et sa tige rester comparativement grêle.
Nous ne savons encore exactement à quelle taille il peut arriver
avec le temps, ni s'il aura chez nous quelque utilité comme arbre
forestier. Toutefois, M. Ferdinand Müller nous dit (*Select plants*, loc.
cit.) que, dans le sud-ouest de l'Australie, l'*E. cornuta*, qui y porte le
nom vulgaire de *Yate tree*, devient un grand arbre, qu'il croît rapidement dans les sols un peu humides, et que le bois en est dur,
résistant, élastique et plus lourd que l'eau, même lorsqu'il est sec;
aussi y est-il fort recherché des charpentiers, des menuisiers et
des charrons, qui le préfèrent à tout autre bois du pays pour certains ouvrages. C'est aussi, ajoute-t-il, un des arbres de son genre
qui supportent le mieux les climats intratropicaux chauds et humides.

Plusieurs auteurs ont confondu cette espèce avec l'*E. Lehmanni*,
qui en est fort différent, ainsi qu'on en jugera par la description qui
va suivre.

21. EUCALYPTUS LEHMANNI.

Benth., *Flor. Austr.*, III, p. 233; Hook., *Bot. mag.*, tab. 6140 (sub nomine
   E. cornuta); Van Houtt., *Flor. des Serr.*, t. XXI, tab. 69, ex Hook., *l. c.* —
   Symphyomyrtus Lehmanni Schauer, in *Herb. Preiss.*, I, p. 127, ex Benth.

E. arbuscula aut frutex magnus, sæpius a basi ramosa,
ample comosa et umbraculiformis, viridis nec glaucescens;
cortice vetustiore in trunco et ramis exfoliato et caduco; foliis
pro genere parvis, petiolatis, ut plurimum ellipticis ellipticove-
lanceolatis, nitidulis; inflorescentiis capituliformibus, multi-

floris; floribus in summo pedunculo valde dilatato et lignes-
cente semiimmersis ideoque inter se quasi coalitis; operculo
maximo, corniformi; capsula apice exserta, cuspidata, sæpius
3-loculari.

Uniforme, avec cette légère différence que les sept ou huit premières feuilles, toujours alternes et pétiolées, sont largement ovales
ou obovales, d'un vert foncé et rendues mates par de très fines aspérités visibles à la loupe, tandis que celles qui suivront seront plus
étroites, plus allongées, d'un vert plus clair et luisantes. Sur l'arbre
adulte elles sont elliptiques, apiculées ou obtuses, longues de 4 à
5 centimètres sur 10 à 12 millimètres de large, sauf quelques variations, en plus ou en moins, de peu d'importance.

L'*E. Lehmanni* est certainement une des espèces les plus distinctes
de tout le genre, et il serait difficile de le confondre avec aucun autre.
Il présente même un caractère si particulier dans son inflorescence
que Schauer, qui l'a décrit le premier, en faisait un genre distinct
des Eucalyptus sous le nom de *Symphyomyrtus*, pour rappeler la
coalescence des fleurs entre elles et leur immersion dans le sommet
très dilaté du pédoncule commun. Cependant c'est un véritable Eucalyptus par ses caractères essentiels.

C'est un simple arbrisseau, aujourd'hui assez commun dans les
jardins de la Provence maritime, où son introduction remonte à une
trentaine d'années; il s'élève à 5 ou 6 mètres, formant par les nombreuses ramifications de sa tige et de ses branches une large tête
arrondie en dôme. Arrivé à l'âge adulte, son écorce s'exfolie et tombe
en petites loques ou feuillets comme celle des vieux Mélaleucas, qu'il
rappelle d'ailleurs par son port et sa taille. Les capitules floraux
naissent comme d'ordinaire à l'aisselle des feuilles; mais, comme ils
sont lents à se développer, les feuilles qui les accompagnent sont
presque toujours tombées au moment de la floraison, ce qui peut
faire croire au premier abord qu'ils se sont formés sur la base dénudée des rameaux. Leur pédoncule est remarquable par son aplatis-
sement, son épaisseur et sa largeur, qui est quelquefois de plus d'un
centimètre, et qui devient ligneux et très dur; il se dilate, à son
sommet, en une sorte de réceptacle dans lequel les fleurs, malgré
leur grosseur et leur grand nombre (de 15 à 25 et quelquefois plus),
sont immergées par leur base, et si serrées qu'elles contractent
même des adhérences entre elles. Ce qui n'est guère moins exceptionnel, c'est l'énormité de leur opercule, prolongé en forme de
corne droite ou arquée, le plus souvent obtus à son extrémité, dilaté
à la base, long de 4 à 5 centimètres, et dans lequel les étamines ont

tout l'espace nécessaire pour s'allonger et rester droites. Avant la
floraison ces opercules, dirigés dans tous les sens et diversement
courbés, rappellent quelque peu une tête de méduse. Après la chute
des opercules les étamines, trop longues et trop faibles pour se soutenir, restent pendantes comme une chevelure; leur couleur est le
jaune pâle, tirant un peu sur l'orangé, et quelquefois le jaune verdâtre.

La capsule de cette espèce a beaucoup d'analogie avec celle de
l'*E. cornuta*. Comme cette dernière, elle est un peu exserte par sa
partie supérieure, conique et prolongée en une pointe ligneuse,
longue souvent de plus d'un centimètre, et qui résulte de la persistance de la base du style. Les valves restent adhérentes entre elles
par leur sommet, mais elles s'écartent l'une de l'autre un peu plus
bas, formant ainsi trois et quelquefois quatre ouvertures, par lesquelles s'échappent les graines; ces dernières sont anguleuses et dépourvues d'appendices. Les cotylédons, sur la plante récemment
germée, sont largement cordiformes, profondément échancrés et à
lobes divergents. Par suite de sa petite taille et par la bizarrerie de
son inflorescence, l'*E. Lehmanni* ne peut être chez nous qu'un curieux
arbrisseau d'ornement. J'ajoute qu'il est moins rustique que beaucoup d'autres espèces du genre, et en particulier que l'*E. globulus*.

2. Opercule à peu près de même longueur que le tube du calice, ou
plus court que lui; étamines infléchies dans le bouton.

22. EUCALYPTUS ROBUSTA.

Smith, *Bot. Nov. Holl.*, p. 40, tab. 13 (ex Benthamio), et in *Trans. Linn. Soc.*,
III, p. 283; DC. *Prod.* III, p. 216; Benth., *Flor. Austr.*, III, 228; F. Müll.,
Eucalyptogr., VII, n° 9, et *Select Plants*, p. 127. — *E. rostratus* Cavan.,
Icones, IV, 33, tab. 342. — *Swamp mahogany* Australianorum.

E. arborea, dense comosa; cortice persistente; foliis ovato-
lanceolatis, acuminatis, viridibus, supra lucidis; nervis lateralibus tenuibus, crebris, parallele divergentibus; umbellis
axillaribus, 9-13-floris, pedunculo robusto ancipiti fulcratis;
floribus majusculis, breviter pedicellatis subsessilibusve;
operculo hemisphærico, in acumen longum producto, albo
aut albicante; fructibus (in apice pedunculi communis fere
capitatis) oblongo-ovoïdeis, superne nonnihil constrictis;
capsula inclusa, ut plurimum triloculari.

Uniforme. L'*E. robusta* est un arbre superbe qui, dans la Nouvelle-Galles du Sud, s'élève à plus de 30 mètres, sur un tronc dont la circonférence, au niveau du sol, dépasse communément 3 mètres. Il est remarquable par la beauté de son feuillage, grand, lustré, d'une verdure foncée, de forme ovale-oblongue, arrondi à la base, acuminé au sommet et parcouru de nervures fines, serrées, parallèles entre elles et divergeant de la nervure médiane sous un angle très ouvert (1). Ses fleurs, en ombelles axillaires, ordinairement au nombre de plus de sept, sont relativement grandes, sensiblement pédicellées, et, au moment de s'ouvrir, elles tranchent déjà par la blancheur de leur calice et de leur opercule sur la verdure du feuillage. L'opercule, plus ou moins longuement acuminé, est presque hémisphérique à sa partie inférieure, qui, assez souvent, déborde le contour du tube calicinal. Les fruits, réunis en une sorte de capitule au sommet du pédoncule commun, sont ovoïdes-oblongs, un peu resserrés au sommet, lisses ou quelquefois relevés d'une côte longitudinale peu visible, et du volume d'un gros pois ; la capsule y est assez profondément incluse et laisse voir, à la maturité, les trois ou quatre ouvertures béantes par lesquelles s'échappent les graines.

Le nom de *Swamp mahogany* (acajou des marais) donné à l'*E. robusta* par les colons australiens indique les lieux où il se plaît : ce sont les fonds marécageux où l'eau reste longtemps stagnante, principalement au voisinage de la mer ; c'est là qu'il prend son plus beau développement, et il est du petit nombre d'espèces congénères capables de vivre dans de telles conditions (2). Cette qualité en fera un arbre précieux pour les localités basses et insalubres du midi de l'Europe et surtout de l'Algérie, dans la région des Chotts, actuellement si dépourvue de végétation arborescente ; son bois est d'ailleurs recherché pour tous les genres de constructions ; il est rougeâtre (de là le nom de *mahogany*), compacte, difficile à fendre, très imprégné d'oléo-résine, ce qui le rend presque inattaquable aux insectes, et de longue durée à l'humidité. L'introduction de ce bel Eucalyptus étant encore récente chez nous, les plus grands exemplaires de nos jardins de Provence n'ont guère que 6 à 7 mètres de hauteur, mais ils fleurissent déjà à cette taille et mûrissent des graines. Au point de vue décoratif, pour les parcs et les jardins d'agrément, on peut le ranger parmi les arbres de premier ordre.

(1) Ce mode de nervation se rencontre dans plusieurs autres espèces d'Eucalyptus et nous en avons vu un exemple dans l'*E. botryoides*.

(2) The tree seems to thrive best in low sour swampy ground near the seacoast ; where other Eucalypts look sickly, *E. robusta* is the picture of perfect health. W. Kirton, d'après M. F. Müller.

23. EUCALYPTUS DIVERSIFOLIA.

Bonpl., *Nav. et Malm.*, p. 35, tab. 13; DC. *Prod.*, III, p. 220, n° 38; — Species a Benthamio pro *E. viminali* perperam desumpta.

E. arborea, excelsa; cortice vetustiore in pannos secedente truncumque lævem relinquente; foliis in prima juventute oppositis sessilibusque, oblongo-ellipticis; in arbore adolescente alternis, petiolatis, lanceolatis, modice aut non falcatis, coriaceis, rigidis nitidulisque; umbellis axillaribus, pedunculatis, sæpius 9-11-floris; floribus breviter pedicellatis, operculo breviter conico; fructibus late turbinatis, sublignosis, superne applanatis; capsula tubum calycinum æquante, ut plurimum 4-loculari totidemque rimis aperta.

Espèce biforme. Dans le premier âge les feuilles sont opposées et sessiles, elliptiques, plus ou moins obtuses au sommet, mais cette forme juvénile ne tarde pas à faire place à celle qui caractérise l'âge adulte. A ce dernier état elles sont alternes, pétiolées, lancéolées, de moyenne grandeur pour le genre, variant de 6 à 12 centimètres de longueur sur 6 à 12 millimètres de large, coriaces, raides, luisantes sur les deux faces, généralement dressées plutôt que pendantes, peu ou point courbées en faux et le plus souvent aiguës au sommet. Les ombelles sont axillaires, de neuf à onze fleurs (sauf les cas d'appauvrissement ou d'avortement), assez courtement pédicellées pour que les fruits forment une sorte de glomérule ou de capitule au sommet du pédoncule commun. L'opercule est court et conique, sans caractère particulier, mais le fruit est très caractéristique de l'espèce : il est de la grosseur d'un pois ou même un peu plus gros, courtement turbiné, plat en dessus, ligneux et dur; la capsule affleure exactement le contour du tube calicinal; ses valves, sans se redresser, s'écartent l'une de l'autre, donnant lieu par là à une ouverture cruciforme lorsqu'elle est à quatre loges, ce qui est le cas le plus ordinaire. Les graines superficielles, un peu grosses et sans appendices, font saillie entre ces ouvertures.

Cet arbre, que M. Bentham a confondu avec l'*E. viminalis*, dont il est très différent, me paraît un des moins variables du genre. Je l'ai toujours trouvé très semblable à lui-même dans divers jardins de Provence (Nice, Antibes, Saint-Raphaël, Hyères, Toulon), ainsi qu'à la pépinière du Hamma, près d'Alger, où il atteint 12 à 15 mètres de hauteur. C'est certainement un des premiers Eucalyptus qui aient été introduits en France, peut-être le premier de tous, puisqu'il était cultivé à la Malmaison dès le commencement du siècle, et qu'il fleurissait lorsqu'en 1813 Bonpland publiait ses descriptions de plantes de cet établissement. La figure qu'il en donne le fait d'ailleurs facilement reconnaître. A la même époque l'arbre était aussi cultivé au jardin de la Marine, à Toulon, ainsi qu'en fait foi une note de M. Robert, alors directeur de ce jardin, qui l'avait reçu directement de la Malmaison. Je dois la communication de cette note à M. Chabaud, botaniste de la marine au jardin de Saint-Mandrier, près Toulon, et c'est elle qui m'a mis sur la voie pour reconnaître l'espèce.

Je n'ai aucun renseignement sur la valeur forestière de l'*E. diversifolia*, resté jusqu'ici simple arbre d'ornement dans les jardins.

24. EUCALYPTUS OBLIQUA.

L'Héritier, *Sert. angl.*, p. 18, tab. 20; DC. *Prod.*, III, 219; Benth. *Flor. Austr.*, III, 204; F. Müller, *Eucalyptogr.*, fasc. III, n° 5 et in aliis locis. — *E. gigantea* Hook. in *Lond. Journ. of Bot.*, VI, 479, et *Flor. Tasm.*, I, 136, tab. 28. — ?? *E. longifolia Bot. Reg.*, tab. 947. — Vulgo *Stringy bark tree* in Victoria, *Messmate tree* in Tasmania (ex Müll., *Select Plants*, p. 124).

E. arborea, procerrima, micrantha; cortice fibroso in truncis adultis persistente; foliis rigidis, lanceolatis, falcatis, acutis, basi sæpissime inæquilateris, utraque pagina viridibus et lucidis; umbellis axillaribus, multifloris, pedunculatis; alabastris clavatis in pedicellum attenuatis; operculo hemisphærico, obtuso aut vix apiculato; fructibus (crassitudine pisi) pyriformi-obovoideis subglobosisque, extus obsolete costulatis et rugulosis; capsula inclusa, 3-4-loculari.

Presque biforme. Je n'en ai pas vu l'état juvénile, mais, d'après la figure de l'Eucalyptographie de M. Ferdinand Müller, les feuilles du premier âge sont largement ovales, un peu grandes, apiculées au sommet, échancrées et cordiformes à la base, toutes d'ailleurs pétiolées et alternes; elles paraissent avoir beaucoup de ressemblance avec celle de l'*E. diversicolor* de même âge.

L'*E. obliqua* est un arbre de croissance rapide et de la plus grande taille, car il atteint, dans les localités les plus favorables, jusqu'à 90 mètres de hauteur sur un tronc de 3 mètres et plus de diamètre, mais il est souvent beaucoup moins élevé, et on le voit quelquefois fleurir à l'état de simple sous-arbrisseau de 2 à 3 mètres. Il abonde dans l'Australie méridionale, et surtout en Tasmanie, où il constitue de vastes forêts, recherchant surtout les sols siliceux et escarpés

des montagnes, sans arriver toutefois à la région alpine. Les colons
australiens lui donnent le nom de *Stringy bark* (écorce fibreuse),
qu'ils appliquent d'ailleurs à plusieurs autres espèces. En Tasmanie
il est plus connu sous le nom de *Messmate*, qui paraît aussi ne pas
lui appartenir exclusivement.

Je n'en connais jusqu'ici qu'un seul sujet adulte, haut d'une ving-
taine de mètres ; c'est un des beaux arbres du jardin de M. Mazel, au
golfe Jouan ; il fleurit tous les ans et produit beaucoup de graines qu'il
y aurait intérêt à utiliser. Je fais remarquer en passant que, dans
quelques jardins de Provence, et bien d'autres probablement, on
donne le nom d'*obliqua* à l'*E. Gunnii*, qui est beaucoup plus répandu.
Les deux arbres sont cependant fort différents et peuvent se distinguer l'un de l'autre au premier coup d'œil.

L'*E. obliqua* s'élève droit, formant une belle tige couronnée par
un feuillage épais d'un vert clair et luisant. Ses feuilles, longues en
moyenne de 10 à 12 centimètres, larges de 1 à 2, sont coriaces,
raides, aiguës, souvent inéquilatères à la base, plus ou moins courbées en faux et criblées de glandes oléo-résineuses plus visibles à la
loupe qu'à l'œil nu. Un des caractères saillants de l'espèce est la petitesse de ses fleurs et son inflorescence, qui consiste en ombelles
axillaires un peu courtement pédonculées et essentiellement pluriflores, c'est-à-dire composées normalement de plus de sept fleurs,
ordinairement de neuf à quinze, quelquefois de beaucoup plus. Les
boutons de ces fleurs, avant la chute de l'opercule, sont claviformes
(en forme de massue), atténués en un court pédicelle, terminés par
un opercule hémisphérique obtus ou à peine apiculé, criblé de
glandes oléo-résineuses. Les fleurs ouvertes (l'ensemble des filets
staminaux) ont à peine 1 centimètre de largeur ; leurs anthères sont
réniformes, c'est-à-dire dont les deux loges sont confluentes à leur
sommet et ouvertes par une fente qui est commune à toutes deux.
Le fruit mûr est sensiblement obovoïde-pyriforme, un peu contracté
au contour du bord calicinal, grisâtre et couvert de petites rugosités,
dont quelques-unes affectent la forme de côtes longitudinales, d'ailleurs peu saillantes et peu régulières ; les glandes oléo-résineuses y
sont alors devenues très visibles.

Au point de vue utilitaire l'*E. obliqua* est un des arbres les plus
intéressants de l'Australie et de la Tasmanie, non seulement parce
que son abondance permet de l'y exploiter sur une grande échelle,
mais aussi parce que son bois est doué de qualités particulières qui
le font apprécier entre beaucoup d'autres. Il est comparativement
léger, facile à fendre et à scier, et se prête à tous les besoins de la
charpente et de la menuiserie ; il est d'ailleurs d'une bonne durée
quand on le tient au sec, mais il se détériore rapidement en terre ou

dans l'eau. Son écorce, épaisse et filandreuse, enlevée par grandes pièces, sert à couvrir les hangars et autres menues constructions rurales; broyée et soumise à de certaines préparations, on en fabrique du carton, du papier d'emballage et même du papier à écrire. Par compensation cette écorce est pauvre en tannin proprement dit, et, sous ce rapport, fort inférieure à celle de plusieurs autres Eucalyptus; mais l'arbre reprend ses avantages en ce que, dans des sols de la plus médiocre qualité, il croît vite et produit beaucoup de bois. Même dans sa contrée natale il y aurait, au dire de M. Ferdinand Müller, un réel avantage à en créer de nouvelles forêts, attendu que celles qu'on exploite aujourd'hui finiront par s'épuiser. Il est presque superflu d'ajouter qu'un arbre qui croît sur les montagnes de la Tasmanie, où la température est insuffisante pour amener la maturité du raisin, a toutes les chances de se naturaliser dans le midi méditerranéen de la France, peut-être même dans les landes de Bordeaux.

Rappelons, en terminant l'histoire de l'*E. obliqua*, qu'il a été la première espèce du genre qu'on ait découverte, et la première qui ait été décrite sous le nom d'*Eucalyptus*, par le botaniste français L'Héritier en 1788.

25. EUCALYPTUS AMYGDALINA.

Labill., *Plant. Nov. Holl.*, II, p. 14, tab. 154; DC. *Prod.*, III, p. 219; Hook., *Bot. Mag.*, n° 3260 (?); Benth., *Flor. Austr.*, III, p. 202 (partim?); F. Müll., *Fragm.*, II, p. 53 (partim?), et *Eucalyptogr.*, fasc. V, n° 1 (partim?). — Vulgo *White peppermint tree*, *Giant gum tree*, *Swamp gum tree* et *Mountain ash*.

E. arborea, dense comosa, micrantha; fronde tenui intense virente; cortice in pannos aut laminas solubili; foliis anguste lanceolatis linearibusve, utrinque acutis, rectis aut aliquando subfalcatis; umbellis axillaribus, multifloris; alabastris clavatis, in pedicellum attenuatis; operculo brevissimo, obtuso aut vix apiculato; fructibus pyriformi-truncatis; capsula inclusa, 3-4-loculari.

Peu d'Eucalyptus ont une nomenclature plus embrouillée que celui-ci et ont donné lieu à plus de contradictions entre les auteurs qui ont eu à en parler. Je me hâte de dire que la diagnose ci-dessus, faite d'après les arbres adultes très uniformes, très semblables les uns aux autres, qu'on trouve dans diverses localités de Provence, concorde de tous points avec la description que de Candolle (*l. c.*) a faite de l'*Eucalyptus amygdalina*, sur les échantillons de Labillardière. Pour lever tous les doutes, s'il pouvait encore en rester, j'ai envoyé des échantillons très complets de nos arbres à M. Ferdinand Müller, qui n'a pas hésité à y reconnaître la variété à feuilles étroites de l'*amygdalina*, mais il reste à savoir si cette variété n'est pas le type même de l'espèce, comme j'ai tout lieu de le croire, et si les autres variétés qu'on en rapproche ne sont pas autant d'espèces distinctes. Il me paraît extrêmement probable que, par suite de quelque confusion dans les herbiers et d'observations erronées de quelques collecteurs, tous les botanistes qui, après De Candolle, ont décrit l'*E. amygdalina*, ont confondu sous ce nom deux ou trois espèces, peut-être même un plus grand nombre, et parmi elles les *E. coriacea*, *obliqua* et *viminalis*. Le fait que ces trois arbres sont originaires des mêmes localités que l'*amygdalina* suffit pour expliquer bien des méprises de la part des collecteurs et des voyageurs (1).

Si nous nous en tenons à la forme qui nous est connue de l'*E. amygdalina*, nous dirons que cette espèce appartient au groupe des uniformes, car il n'y a guère que les huit ou dix premières feuilles, après les cotylédons, qui soient à peu près opposées et sessiles; elles sont d'ailleurs étroites et linéaires comme les suivantes, qui deviennent alternes et pétiolées. Ces feuilles longues et étroites, d'une verdure foncée, impriment à l'arbre adulte un aspect qui le fait reconnaître de prime abord, si caractéristique que, même de loin, on le distingue de tout autre arbre du même genre. Son écorce, d'abord rugueuse et brunâtre, finit par se détacher en lamelles qui laissent le tronc lisse et de couleur plus claire, mais c'est un caractère sur lequel je n'insiste pas à cause de son irrégularité. Les rameaux extrêmes sont grêles et un peu pendants et se couvrent d'une abondante floraison. Les feuilles sont constamment pétiolées, linéaires, très aiguës, longues de 5 à 10 centimètres, larges de 2 à 4 millimètres, un peu raides, très vertes en dessus, sans nervures latérales bien apparentes, et criblées de petites glandes facilement reconnaissables à la loupe et même à l'œil nu. L'inflorescence, quoique très analogue à celle de l'*E. obliqua*, n'est pas moins caractéristique : c'est une ombelle axillaire pluriflore, mais où le nombre des fleurs est très variable. Il peut y en avoir moins de sept, mais ordinaire-

____

(1) Je note que dans l'*Eucalyptographia* de M. F. Müller (*l. c.*) la figure de l'*E. amygdalina* ressemble beaucoup plus à l'*E. coriacea* (*E. pauciflora* Müll.) qu'à l'*amygdalina* tel que nous le possédons ici. De plus, la forme juvénile représentée dans la même planche me paraît être celle de l'*E. viminalis*. Peut-être y a-t-il eu confusion dans les échantillons d'herbier qui ont servi au dessinateur de ces figures.

ment on en compte de neuf à quinze, et quelquefois beaucoup plus. Ces fleurs sont très petites, façonnées en massue (claviformes) avant la floraison, graduellement atténuées en pédicelle et criblées de glandes oléo-résineuses plus visibles que celles des feuilles. L'opercule, en forme de calotte hémisphérique, est le plus souvent obtus, quelquefois surmonté d'un très court mamelon. Les fruits, dont le volume à la maturité ne dépasse guère celui d'une graine de chènevis, sont exactement pyriformes-tronqués, et le bord du tube calicinal y dépasse toujours le sommet de la capsule.

Dans la plupart des jardins où je l'ai rencontré l'*E. amygdalina* portait le nom d'*E. piperita*, ce qui s'explique par un des noms vulgaires (*Peppermint tree*) sous lesquels il est connu en Tasmanie, mais le véritable *E. piperita*, figuré dans l'*Eucalyptographia* du baron Müller (3ᵉ décade, n° 8), est un arbre fort différent. D'un autre côté, plusieurs horticulteurs vendent sous le nom d'*amygdalina* un Eucalyptus qui n'est autre chose que le *viminalis*, espèce absolument différente par son port, son feuillage et son inflorescence, ainsi que je l'ai dit plus haut.

Dans cette confusion de la nomenclature, et au milieu des contradictions qu'on relève dans les récits des voyageurs, il nous est difficile de nous faire une idée de la taille à laquelle l'*E. amygdalina* peut atteindre dans sa contrée natale. Suivant les uns, c'est un arbre de quatrième ou tout au plus de troisième grandeur; pour d'autres, et en particulier pour M. F. Müller, c'est l'arbre le plus colossal du genre et peut-être le plus grand arbre qui existe sur la terre (1). On en a mesuré, assure-t-il, des exemplaires de 130, 135, et même de 150 mètres, dont le tronc, à hauteur d'homme, avait jusqu'à 5 mètres et plus de diamètre. Il cite en particulier un arbre qui, au niveau du sol, avait plus de 20 mètres de tour, et dont la tige, à la hauteur de 65 mètres, avait encore une circonférence de plus de 4 mètres. Ces énormes proportions appartiennent à la variété que M. Müller désigne sous le nom d'*E. regnans*, dont l'identité spécifique avec l'*E. amygdalina* de Labillardière et de De Candolle est douteuse ou tout au moins à vérifier. D'après le même auteur, cet arbre se développe tout aussi rapidement que l'*E. globulus*, et il est beaucoup plus rustique. C'est aussi le plus riche du genre en huiles volatiles, et celui que recherchent le plus les dis-

(1) « This Eucalyptus is one of the most remarkable and important of all plants in the whole creation! Viewed in its marvellous height when standing forth in its fullest development on the slopes or within glens of mountain-forests, it represents probably the *tallest of all trees of the globe* ». F. Müll., *Eucalyptogr., l. c.*

tillateurs établis en Australie (1). Son bois sert d'ailleurs à de
nombreux usages, quoique moins fort que celui de beaucoup d'autres
espèces.

Au total, c'est un arbre d'un haut intérêt pour nous, mais il est
à regretter qu'il y ait encore tant d'incertitude sur la distinction des
espèces, races ou variétés que les auteurs ont réunies sous ce nom
d'*E. amygdalina*, incertitude qui peut avoir de fâcheuses conséquences pour les agriculteurs et les forestiers.

26. EUCALYPTUS ROSTRATA.

Schlechtendal in *Linnæa.*, XX, 655 ; Benth., *Flor. Austr.*, III, p. 240 ; F. Müll.,
　Eucalyptogr., IV, n° 7, et in aliis locis. — Non *E. rostratus* Cavan., *Icones*,
　IV, tab. 342. — Vulgo *Red gum* apud Australianos.

E. arborea, dense frondosa, micrantha, copiose florifera ;
cortice vetustiore in lamellas abeunte et truncum obscure
marmoratum relinquente ; ramulis extremis gracilibus pen-
dentibus ; foliis anguste lanceolatis, rectis aut vix falcatis ;
umbellis axillaribus, multifloris, graciliter pedunculatis ; alabastris globosis, longiuscule pedicellatis, tubo calycino brevi,
operculo in acumen producto ; capsula semiexserta, stylo
persistente rostrata, sæpius 4-loculari.

Espèce uniforme (2), les feuilles du premier âge étant lancéolées
et alternes, peu différentes, par conséquent, de celles de l'âge adulte.
Quoique sujet à varier, comme presque toutes les espèces du genre,
l'*E. rostrata* est une des plus faciles à reconnaître parmi celles que
nous possédons. Il se peut que de nouvelles espèces qui seront introduites ultérieurement rendent sa distinction plus difficile en se nuan-
çant avec lui.

----

(1) Voici, d'après M. Bosisto, chimiste distillateur, à Melbourne, la teneur
comparative, en huiles essentielles, des six espèces d'Eucalyptus les plus ordinairement employées dans cette industrie. Pour 100 parties de feuilles en
poids,

L'E. *amygdalina* donne............	3,343	d'huile volatile.
L'E. *oleosa*.....................	1,250	—
L'E. *leucoxylon*.................	1,060	—
L'E. *goniocalyx*.................	0,914	—
L'E. *globulus*...................	0,719	—
L'E. *obliqua*....................	0,500	—

F. Müller, *Select Plants*, p. 115.

(2) C'est par erreur que, dans une note antérieurement publiée, je l'ai indiqué comme ayant les feuilles opposées et arrondies à l'état juvénile.

Tel que nous le connaissons aujourd'hui, l'*E. rostrata* est un arbre déjà de grande taille (18 à 20 mètres) dans divers jardins de Provence, où son introduction ne paraît pas cependant remonter à plus d'une quinzaine d'années. Sa croissance est assez rapide pour que, dès l'âge de dix ans, s'il est en bon sol, surtout un peu humide, sa tige, à hauteur d'homme, mesure un mètre de tour. Sa tête, touffue, prend généralement une forme pyramidale, laissant pendre ses derniers rameaux, ainsi que ses feuilles, qui sont d'une verdure un peu grisâtre, quoique sans pulvérulence. Arrivé à un certain âge, c'est-à-dire lorsqu'il commence à fleurir, les couches superficielles de son écorce se détachent par plaques irrégulières, un peu comme celles de nos platanes, laissant des places de couleur claire, qui bientôt passent au gris, puis au rougeâtre et au brun, d'où il résulte des sortes de marbrures qui suffisent souvent pour faire reconnaître l'espèce. Outre ce dépouillement graduel de l'écorce superficielle, on voit se former sur le tronc de profondes fissures ou crevasses longitudinales, longues quelquefois de plusieurs mètres, qui entament l'écorce presque dans toute son épaisseur. Les feuilles, généralement pendantes, droites ou peu arquées, varient de grandeur; en moyenne elles ont de 12 à 15 centimètres de long sur 2 à 2 1/2 de large.

Les caractères les plus distinctifs de l'espèce nous sont fournis par l'inflorescence, les fleurs et les fruits. Ces inflorescences sont des ombelles axillaires, à pédoncules grêles, souvent plus longs que le pétiole de la feuille adjacente et portant quelquefois deux bractées ou petites feuilles au-dessous des fleurs, ce qui semble indiquer que l'ombelle est composée. Quelquefois même elle affecte la forme d'une petite panicule contractée. Les fleurs y sont en nombre variable, en moyenne de quinze à vingt-cinq, tantôt plus, tantôt moins, et un peu longuement pédicellées. Au moment de s'ouvrir les boutons sont à peine de la grosseur d'un grain de chènevis, souvent même plus petits; le tube du calice est court, hémisphérique et surmonté d'un opercule à peu près de même forme, mais prolongé en une pointe aiguë, de même longueur que le bouton tout entier, du moins, dans les cas les plus ordinaires, car il y a quelques exceptions que nous signalerons plus loin. Les fleurs ouvertes sont blanches, larges de 10 à 12 millimètres, et elles exhalent une odeur de miel assez prononcée. Le fruit mûr est sensiblement plus gros que ne l'était l'ovaire au moment de la floraison. Le tube du calice s'est élargi, et son bord reste distinct de la capsule qui le dépasse d'un tiers ou d'un quart de sa longueur; elle est d'ailleurs conique et prolongée en pointe par la base persistante du style, et elle s'ouvre par l'écartement de ses valves, qui restent dressées après la chute des graines. Cette forme particulière du fruit est à noter parce

qu'elle fournit un moyen de distinguer l'*E. rostrata* non seulement
du *tereticornis*, avec lequel quelques auteurs sont tentés de le réu-
nir, mais aussi de plusieurs autres espèces ou sous-espèces voisines
du *tereticornis*, qui ont comme lui la capsule exserte et le fruit
ovoïde ou sphérique. Dans toutes ces espèces, d'ailleurs, le contour
du tube calicinal n'est plus distinct sur le fruit; il y est seulement
indiqué par une cicatrice annulaire, et la capsule est obtuse et non
conique-acuminée comme dans le *rostrata*. Le port de ces arbres
et leur feuillage sont d'ailleurs assez différents de ceux du *rostrata*
pour qu'on ne soit pas très exposé à les confondre avec lui.

Les variations les plus notables qui me soient aujourd'hui connues
dans l'espèce qui nous occupe consistent dans l'inégalité de la grosseur des fleurs et des fruits et la longueur relative du bec de l'opercule. J'ai trouvé en Algérie et à Hyères des individus d'*E. rostrata*
dont les boutons sont du double plus gros que ceux de la variété
ordinaire la plus commune et, en même temps, moins nombreux
dans l'ombelle; le bec de l'opercule y est relativement moins long,
le fruit plus gros (presque de la grosseur d'un pois), et peut-être
aussi plus déprimé, c'est-à-dire plus large que long. D'autres variétés
se distinguent, au contraire, par la longueur exagérée du rostre de
l'opercule, ce qui leur a valu le nom de *longirostris*. Ces variations,
et sans doute d'autres encore, ne sont probablement qu'individuelles
et, dans tous les cas, ne peuvent pas faire méconnaître l'espèce si on
s'est bien pénétré de ses caractères essentiels.

L'*E. rostrata* est un des plus intéressants de tout le genre, et qui
a fait chez nous ses preuves de rusticité. Sans être encore très
répandu, on le trouve dans beaucoup de jardins, à Toulon, Saint-
Mandrier, Hyères, Cannes, Antibes, Nice, etc. Je l'ai aussi rencontré
en Algérie, et même à Perpignan, où il ne paraît pas souffrir du
froid. Il est, en même temps, du très petit petit nombre d'Eucalyptus
dont on peut essayer la culture avec un certain succès dans les pays
intratropicaux chauds et humides, car il réussit dans le nord de
l'Inde, ainsi qu'aux îles Maurice et de la Réunion, où il résiste mieux
que la plupart des autres arbres à la violence des ouragans.

Comme arbre d'ornement l'*E. rostrata* est un des plus recommandables et, sous ce rapport, il est supérieur au *globulus*, mais c'est
surtout comme arbre forestier qu'il doit nous intéresser. En Australie son bois passe pour un des meilleurs du pays, peut-être le
meilleur de tous pour les ouvrages de grande charpente et surtout
pour les constructions navales (1); il est rouge brunâtre, ce qui lui

(1) Dans un rapport adressé en 1877 au ministre de l'agriculture et du com-
merce, par le consul de France à Melbourne, nous lisons que de tous les bois

a valu son nom de *Red gum*. Il est compacte, lourd, d'une très longue
durée, même dans l'eau, inattaquable aux insectes et aux tarets,
ce qu'il doit, selon toute vraisemblance, aux fortes proportions
d'hydrocarbones (résine kino, acides eucalypto-gallique, eucalypto-
tannique, eucalyptoïque, eucalyptine, etc.). Par compensation il est
pauvre en acide tannique proprement dit, et son écorce ne pourrait être employée avantageusement au tannage des cuirs.

Moins grand que le *globulus*, l'*E. rostrata* arrive cependant à de
fortes proportions. Des arbres de 30 à 35 mètres ne sont pas rares en
Australie, et, dans des circonstances, il est vrai, exceptionnellement
favorables, on l'a vu dépasser 60 et même 70 mètres sur un tronc
de 3 à 4 mètres de diamètre. Les sites qu'il affectionne sont les
bords des rivières ainsi que les terrains bas, noyés par les pluies
d'hiver et où l'eau reste stagnante pendant une partie de l'année.
Il ne craint même pas l'eau légèrement saumâtre, et néanmoins
il résiste à la sécheresse aussi bien ou même mieux que le *globulus*. Toutes ces qualités en font un arbre précieux pour l'Algérie,
et c'est peut-être avec lui, ainsi qu'avec l'*E. robusta*, qu'on parviendra à reboiser la région saharienne, si dénudée et si torride aujour-
d'hui. On ne saurait préjuger d'avance le résultat d'une pareille
opération, mais il suffit qu'elle ait des chances de succès pour qu'on
soit encouragé à l'entreprendre sur quelques points et comme simple
expérience.

indigènes d'Australie le *Red gum* ((*E. rostrata*) est le plus dense et le plus
dur, qu'il ne se déjette pas, qu'il n'est pas sujet à se fendre comme d'autres
bois d'Eucalyptus, qu'il ne se détériore pas dans les terres humides, ni même
dans l'eau douce ou salée, en un mot, qu'il n'a pas son égal comme bois de
construction pour charpentes, navires, traverses de chemin de fer, pièces de
charronnage, supports de machines, poteaux télégraphiques, etc.

Pour ce dernier usage la durée des bois d'Eucalyptus varie suivant les
espèces. Des expériences prolongées ont établi que des poteaux télégraphiques
d'*E. globulus* et d'*E. melliodora* durent dix-huit ans, ceux d'*E. obliqua* onze
ans, et ceux d'*E. rostrata* vingt ans; aussi le gouvernement de Victoria re-
jette-t-il aujourd'hui, pour ces divers services, tous les bois autres que ceux
de cette dernière espèce. Son unique défaut est d'être rebelle à la fente à cause
de l'enchevêtrement de ses fibres et de ne pouvoir être converti en merrain par
les procédés ordinaires, mais ce défaut est largement compensé par d'autres
avantages, au nombre desquels il faut compter non seulement la rapidité de la
croissance de l'arbre, mais aussi son aptitude à vivre dans des terrains marécageux. On jugera de l'importance de son exploitation en Australie par ce fait que
le réseau télégraphique, presque entièrement soutenu par des poteaux d'*E
rostrata*, dépassait déjà, en 1877, 38 000 kilomètres.

27. EUCALYPTUS RISDONI.

Hook. in *Lond. Journ. of Bot.*, VI, p. 477, et *Plant. Tasm.*, I, p. 133, tab. 24 ;
Benth., *Flor. Austr.*, III, 203. — Vulgo *Risdon* et *Drooping-gum*.

E. arborea, tota pruinoso-candicans ; foliis in prima ætate
(aliquando et in adulta) sessilibus, oppositis nec raro per
paria connatis, triangulari-lanceolatis acutisque, ulterius
alternis petiolatis lanceolatis ; umbellis axillaribus, 9-15-floris
aut amplius, pedunculo gracili suffultis ; alabastris claviformibus, in pedicellum brevem attenuatis ; operculo hemisphærico, obtuso ; fructibus glomeratis, globosis ; capsula modice
inclusa, 4-5-loculari.

Biforme et fleurissant à l'état juvénile, qui semble durer longtemps,
et peut-être toujours sur certains individus. Chez nous, où son introduction est toute récente, ce n'est encore qu'un grand arbrisseau de
4 à 6 mètres, remarquablement glauque et même presque blanc, surtout dans ses parties les plus jeunes, et dont la tige est annelée de
distance en distance par les cicatrices qui ont suivi la chute des
feuilles du premier âge. Dans cette première période de la vie de
l'arbre les feuilles sont opposées par paires, embrassantes, souvent
connées, presque triangulaires et aiguës, longues de 4 à 6 centimètres,
sur 2 à 3 de large. A l'état adulte elles deviennent alternes, pétiolées, plus ou moins étroitement lancéolées, quelquefois courbées en
faux, mais elles restent toujours glauques ou pruineuses-blanchâtres.

Les ombelles florales, ordinairement composées de neuf à quinze
fleurs, quelquefois plus, naissent indifféremment sur la forme juvénile et sur la forme adulte. Dans le premier cas elles sont longuement pédonculées, plus courtement dans le second, au moins sur les
exemplaires que j'ai pu observer. Ses fleurs, plutôt petites que
moyennes, sont courtement pédicellées par l'atténuation graduelle
du tube calicinal, et leur opercule, en forme de calotte, est court et
obtus. Les fruits, agglomérés en une sorte de gros capitule au sommet
du pédoncule commun, sont sphériques, tronqués au sommet et du
volume d'un grois pois. La capsule y est incluse, et ses valves, très
courtes, n'arrivent pas à la hauteur du contour calicinal. Elle est
tantôt à quatre, tantôt à cinq loges.

J'ai trouvé dans la collection de M. Cordier, à Alger, plusieurs
arbres reçus sous le nom de *Risdoni*, âgés de huit à dix ans, et déjà
hauts de 12 à 15 mètres. Leur tronc blanc rappelait assez bien celui

de l'*E. viminalis*, et par les repousses de leurs pieds, à feuilles opposées et blanchâtres comme à l'état juvénile, il m'a paru qu'on pouvait les rapporter à l'*E. Risdoni*, mais n'en ayant pas vu les fleurs ni
les fruits je ne puis rien affirmer à cet égard. Peut-être est-ce la variété *clata* de Bentham, qui est signalée comme un arbre de première
grandeur.

L'*E. Risdoni* est originaire de la partie méridionale de la Tasmanie,
aussi est-il parfaitement rustique en Provence. Tel que nous le possédons, c'est-à-dire à l'état de simple arbrisseau, il est très digne de
trouver place dans nos jardins d'agrément, pour la singularité de son
feuillage, sa blancheur, ses rameaux retombants et ses ombelles de
fleurs blanches. Nous ignorons encore quels autres services il peut
rendre.

28. EUCALYPTUS CONCOLOR.

Schauer, in *Plant. Preiss.*, I, p. 129; Benth., *Flor. Austr.*, III, 247.

E. arborescens aut frutex magnus; cortice vetustiore in
pannos caduco; ramis hornotinis acute quadrangulis imo et
breviter quadrialatis; foliis in ætate primaria ovato-acutis
petiolatis glaucescentibus, in ætate provectiore lanceolato-
acutis subfalcatisque valde coriaceis et rigidis; umbellis axillaribus, breviter sed robuste pedunculatis, dense multifloris;
floribus subssesilibus; operculo obtuso aut subacuto; fructibus
ovoideo-truncatis, glomeratis, sublignosis; capsula inclusa,
3–4-loculari.

Uniforme, mais avec une différence sensible entre les feuilles du
premier âge, qui sont largement ovales-aiguës, et celles de l'âge
adulte plus étroitement lancéolées, coriaces, épaisses et très raides;
toutes d'ailleurs tendent à placer leur limbe dans un plan oblique ou
vertical. Dans nos jardins l'arbre n'a guère que 5 à 6 mètres de hauteur, sur un tronc de la grosseur de la cuisse, dont les fibres ligneuses
sont plus ou moins contournées en spirale. La vieille écorce se détache en lamelles épaisses, dures, demi-ligneuses.

L'arbre fleurit dès sa troisième année, n'ayant alors que de 1 à
2 mètres de hauteur. Les ombelles, toujours axillaires, sont portées
sur un pédoncule assez court, épais, aplati et élargi à sa partie supérieure; elles se composent habituellement de neuf à treize fleurs
presque sessiles et formant capitule, dont les boutons, ovoïdes,
quelquefois très obtus, souvent un peu aigus, sont criblés de glandes

oléo-résineuses. Leur opercule est de même longueur que le tube du
calice, et les fleurs ouvertes sont d'un blanc légèrement verdâtre. Les
fruits, de la grosseur d'un pois moyen, presque sphériques, un peu
ligneux à la maturité, sont pressés les uns contre les autres en des
sortes de glomérules, et comme ils sont nombreux sur des parties de
rameaux qui ont perdu leurs feuilles ils donnent à l'arbre un aspect
singulier, curieux même, mais peu ornemental. Jusqu'ici nous ne
savons rien des usages auxquels il peut servir, si ce n'est comme bois
à brûler; hors de là il n'a pour nous qu'un simple intérêt botanique.

**g. Inflorescences en panicules ou en corymbes termi-
naux, par le rapprochement des ombelles 3-5-7-flores.**

1. Fruits gros (volume d'une noix moyenne).

29. EUCALYPTUS CALOPHYLLA.

Rob. Br., in *Journ. of geogr. Soc.*, 1831 (sine descriptione); Schauer, *Plant.
Preiss.*, I, 131; Benth., *Flor. Austr.*, III, 255. — *E. splachnicarpon* Hook.
Bot. Mag., n° 4036, cum icone.

E. arborea, pulchre foliosa; trunco recto, cortice demum
rugoso et ut videtur persistente; foliis ovatis oblongove ovatis,
acutis, supra lucidis, viridibus, nervis lateralibus tenuibus
crebris approximatis parallele divergentibus; umbellis 3-7-
floris, ad apices ramorum in corymbos congestis; floribus majusculis, pedicellatis, tubo calycino campaniformi valde dilatato, operculo hemisphærico-depresso obtuso aut apiculato;
fructibus magnis, urceolatis et ventricosis; capsula profunde
inclusa, 3-4-5-loculari.

Uniforme, c'est-à-dire à feuilles toujours alternes et pétiolées, mais
celles qui suivent immédiatement les cotylédons sont souvent peltées
par suite de l'insertion du pétiole à quelques millimètres au-dessus
de la base du limbe, et ciliées sur leur contour, mais ces caractères
disparaissent quand la plante est un peu plus avancée en âge. Sur les
repousses des vieux pieds on voit ordinairement reparaître quelques
feuilles peltées comme il vient d'être dit.

L'*E. calophylla* est un des plus beaux arbres du genre. Il est de
grande taille, car, suivant les voyageurs et les botanistes qui l'ont
observé dans son pays natal, sa tige atteindrait jusqu'à 40 mètres de

hauteur, sur 4 à 5 de circonférence à hauteur d'homme. Il est commun aux environs de King Georges'Sound, où il a été découvert par Allan Cunningham qui, le premier, l'a introduit en Europe. On en voit déjà de beaux exemplaires en Provence, qui fleurissent et fructifient (1).

Au point de vue de l'espèce, c'est, jusqu'ici, un des mieux caractérisès. On le reconnaîtra à son feuillage un peu grand, ovale ou ovale-lancéolé, luisant, sans glaucescence appréciable et d'une verdure plus ou moins foncée, rappelant assez bien celui de quelques figuiers exotiques à feuilles persistantes ou celui du laurier-cerise. On le distinguera encore mieux à ses inflorescences corymbiformes et terminales, à ses fleurs relativement grandes et un peu longuement pédicellées, à son opercule bombé et obtus ou très courtement apiculé, d'un vert très pâle ou presque blanc, enfin à son fruit oblong, de la grosseur d'une petite noix, et resserré à sa partie supérieure, ce qui lui donne la forme d'une urne ventrue. La capsule, ordinairement à trois ou quatre loges, y est profondément incluse.

Les graines de l'*E. calophylla* se font remarquer par leur grandeur insolite dans le genre. Elles sont oblongues, comprimées, presque tranchantes d'un côté, noires ou très brunes, longues de 4 à 6 millimètres. La jeune plante qui en sort est tout aussi exceptionnelle par la grandeur de ses cotylédons, arrondis, presque orbiculaires, longs et larges d'environ 2 centimètres. Les premières feuilles, ainsi que je l'ai dit plus haut, sont souvent, sinon toujours, plus ou moins peltées, et par là se rapprochent de celles des *E. citriodora*, *Planchoniana* et de quelques autres, où on observe aussi cette particularité, ordinairement passagère, et qui n'est pas non plus très constante dans une même espèce.

Ce bel Eucalyptus se recommande comme arbre d'avenue par son beau et abondant feuillage. La grande taille qu'il acquiert en peut faire aussi un arbre forestier, mais jusqu'ici nous n'avons pas de données positives sur les qualités de son bois, ni sur les usages auxquels il peut être employé.

(1) Le plus grand qui me soit connu se trouve dans le jardin de M. Mazel, au golfe Jouan ; c'est un très bel arbre de 16 à 17 mètres de haut ; mais je sais qu'il en existe d'autres, à peu près de même taille, dans les environs d'Hyères.

2. Fruits petits, c'est-à-dire du volume d'un grain de poivre ou d'un
petit pois.

30. EUCALYPTUS POLYANTHEMA.

Schauer, in *Walp. Repert.*, II, 994; Benth., *Flor. Austr.*, III, 213; Wools,
Contrib. Flor. Austr., p. 236; F. Müller, *Eucalyptogr.*, III, n° 9. — *Vulgo*
Red box, Grey box, Bastard box.

E. arborea, tota glaucescens aut pruinoso-candicans; cortice in arboribus adultis persistente; ramulis hornotinis teretibus, magis minusve geniculatis; foliis orbicularibus aut late
ovatis, apice haud raro retusis, longiuscule petiolatis; floribus
parvis, numerosissimis, in paniculas terminales digestis; alabastris ovoideis, operculo brevi conico; fructibus turbinatis,
capsula profunde inclusa 3-4-loculari.

Uniforme. Dès le premier âge les feuilles sont alternes, longuement
pétiolées, orbiculaires ou largement ovales, quelquefois plus larges
que longues et souvent rétuses au sommet, pruineuses-blanchâtres
ou du moins très glauques, et tendant à placer leur limbe dans un
plan vertical ou oblique. La jeune tige, et plus tard les rameaux,
toujours cylindriques et comme poudrés de blanc, s'infléchissent
alternativement d'un côté et de l'autre, à l'opposite de l'insertion des
feuilles, ce qui leur donne une forme un peu zig-zaguée. Ce caractère n'est pas toujours très prononcé et paraît se modifier quand
l'arbre passe à l'état adulte.

L'*E. polyanthema* (ou *polyanthemos* des premiers auteurs) n'est
encore dans nos jardins qu'un arbrisseau de 4 à 5 mètres, très élé-
gant par son port qui affecte la forme pyramidale et par sa teinte
glauque-blanchâtre, prononcée surtout dans ses parties supérieures.
Par ses larges feuilles dressées il contraste nettement avec la plupart
des autres Eucalyptus, qui les ont longues, étroites et pendantes. À
ces agréments de l'ensemble s'ajoute celui d'une riche floraison en
panicules blanches aux sommets des rameaux. L'espèce est donc
essentiellement ornementale, et ce qui augmente encore sa valeur à
ce point de vue, c'est qu'elle est relativement très rustique et qu'elle
prospère même dans des terrains rocailleux et arides. On l'a vue
plus d'une fois fleurir à l'air libre en Angleterre, abritée seulement
par des murs et comme elle est précoce et commence à fleurir à la

taille d'un simple arbuste, elle se prête à la culture en caisses et peut être aisément abritée l'hiver dans une orangerie.

Dans nos jardins du midi méditerranéen cet arbre ne sera pas toujours aussi humble que nous le voyons aujourd'hui. Avec les années il arrivera à la taille de 20 à 30 mètres, et deviendra peut-être beaucoup plus grand, car en Australie, dans des sites, il est vrai, particulièrement favorables, on le voit s'élever à 70 et 80 mètres, et rivaliser par là avec les plus grandes espèces du genre. En conséquence, on l'y exploite comme arbre forestier. Son bois, à fibres entrelacées, devient si dur que les colons australiens le comparent à celui du buis, ce que rappellent les dénominations vulgaires citées plus haut.

En tant qu'espèce il est bien caractérisé dans nos jardins, où nous n'en possédons encore aucune autre qu'on puisse confondre avec lui; cependant il est très voisin de l'*E. populifolia* Hook., adopté par M. Ferdinand Müller comme espèce distincte, mais que M. Bentham réunit au *polyanthema*. Quoi qu'il en soit, on le reconnaîtra d'emblée à son feuillage si particulier, à sa teinte générale glauque ou blanchâtre et à sa floraison en panicules terminales qui rappellent assez bien celle des Troënes du Japon, et dont les rameaux portent de trois à sept fleurs pédicellées. A ces caractères faciles à saisir nous ajouterons que les boutons, au moment de s'ouvrir, sont ovoïdes, de la grosseur d'une graine de chènevis; que l'opercule, à peu près de même longueur que le tube du calice, est conique surbaissé ou hémisphérique apiculé; que la fleur ouverte n'a guère que 1 centimètre de largeur; enfin que le fruit est turbiné pyriforme et la capsule incluse, à trois ou quatre loges.

31. EUCALYPTUS CINEREA.

F. Müll., *Herb.*; Bentham, *Flor. Austr.*, III, 239.

E. arborea, pruinoso-candicans; cortice persistente, suberoso, irregulariter sulcato-rugoso; foliis oppositis, sessilibus subsessilibusve, ovatis, obtusis, basi cordatis; floribus ad apices ramorum in paniculas parvas congestis; alabastris subglobosis, pedicellatis; operculo breviter apiculato; fructibus globoso-truncatis; capsula vix inclusa, 3-4-loculari.

Espèce uniforme, facilement reconnaissable à ses feuilles opposées et sessiles à l'état adulte, ce qui est le caractère de l'état juvénile et transitoire de beaucoup d'espèces, ainsi que nous l'avons déjà vu. Ici donc la forme juvénile persiste pendant toute la vie de l'arbre. Il ne serait pas impossible cependant qu'à la longue elle fît place, au moins sur quelques individus, à ce que nous appelons ailleurs la forme adulte, caractérisée par des feuilles alternes, pétiolées et plus ou moins longues, mais nous n'en avons jusqu'ici aucun exemple.

L'*E. cinerea*, ainsi nommé de la teinte cendrée-blanchâtre de ses feuilles, n'est encore, dans nos jardins de Provence, où il est d'ailleurs assez rare, qu'un faible arbrisseau de 4 à 5 mètres, presque toujours défectueux dans son port par suite d'une culture négligée, mais je l'ai trouvé beaucoup plus beau et plus grand en Algérie, à la pépinière du Hamma. Là c'est un arbre de forme pyramidale assez régulière, haut de 12 a 13 mètres, feuillu et très floribond. Son écorce, qui paraît ne jamais se détacher du tronc, est très caractéristique : elle s'épaissit en une sorte de liège que l'ongle entame facilement et qui est sillonné de crevasses plus ou moins profondes. Les branches sont menues, un peu pendantes à leurs extrémités, et les derniers rameaux sensiblement quadrangulaires. Les feuilles, longues de 3 à 4 centimètres, larges de 2 à 3, sont ovales, le plus souvent obtuses au sommet, cordiformes à la base et presque toujours régulièrement opposées. On trouve quelquefois des ombelles florales axillaires, mais elles sont le plus souvent rapprochées aux sommets des rameaux en petites panicules non feuillées, et dont les divisions portent de trois à cinq fleurs, quelquefois sept, toujours pédicellées. Les boutons sont presque sphériques, de la grosseur d'un grain de poivre, blancs pruineux, avec un opercule court et apiculé. A la maturité les capsules laissent saillir la pointe de leurs valves au-dessus du bord du tube calicinal.

Jusqu'ici cet Eucalyptus ne me paraît pas pouvoir être autre chose qu'un arbre ou un arbrisseau d'ornement. C'est un de ceux qui craignent le plus l'ombre et le voisinage d'autres arbres. Dans ces mauvaises conditions il s'étiole, devient excessivement grêle et fluet, et perd toute sa valeur décorative.

Beaucoup d'autres Eucalyptus, déjà introduits en Provence et en Algérie, principalement dans les collections de MM. d'Éprémesnil, Cordier et Trottier, sont encore à décrire, mais la plupart sont encore trop jeunes pour qu'on puisse en déterminer l'espèce avec certitude. Mieux connus, ils feront l'objet d'un nouveau mémoire.

Les Eucalyptus ne sont pas d'ailleurs les seuls arbres australiens du groupe des Myrtacées qui soient appelés à nous rendre des services. Nous en trouverons parmi les *Angophora*, qui ne diffèrent des vrais Eucalyptus qu'en ce que leur corolle ne se transforme pas en opercule, parmi les *Tristania*, les *Rhodomyrtus* et quelques autres genres encore. Nous nous bornons à les signaler d'une manière générale, en attendant que leur culture dans nos parcs et nos jardins nous renseigne sur ce que nous pouvons en attendre au point de vue spécial qui nous occupe.

Imprimeries réunies, A, rue Mignon, 2, Paris.